PROCESSUS ALÉATOIRES
UTILISÉS EN
RECHERCHE OPÉRATIONNELLE

CHEZ LE MÊME ÉDITEUR

INITIATION AUX CHAÎNES DE MARKOV. Méthodes et applications, par G. CULLMANN. 1975, 144 pages, 34 figures.

RECHERCHE OPÉRATIONNELLE. Théorie et pratique, par G. CULLMANN. 1970, 244 pages, 92 figures, tableaux.

FORMULAIRE POUR LE CALCUL OPÉRATIONNEL, par V. A. DITKIN et A. P. PRUDNIKOV. Traduit du russe. 1967, 472 pages.

PLANIFICATION ET ANALYSE DES EXPÉRIENCES, par P. CHAPOUILLE. 1973, 200 pages, 10 figures.

FIABILITÉ DES SYSTÈMES, par P. CHAPOUILLE et R. de PAZZIS. *Collection* « *Les Techniques de base de l'informatique* ». 1968, 286 pages, 102 figures.

MODÈLES MATHÉMATIQUES POUR L'ÉTUDE DE LA FIABILITÉ DES SYSTÈMES, par A. KAUFMANN, D. GROUCHKO et R. CRUON. 1975, 220 pages, 147 figures.

INTRODUCTION A LA THÉORIE DES SOUS-ENSEMBLES FLOUS, à l'usage des ingénieurs. (Fuzzy sets theory), par A. KAUFMANN.
Tome I. — Éléments théoriques de base, 1973, 436 pages.
Tome II. — Applications à la linguistique, à la logique et à la sémantique. 1975, 248 pages, 80 figures.
Tome III. — Applications à la classification et à la reconnaissance des formes, aux automates et aux systèmes, aux choix des critères. 1975, 320 pages.

EXERCICES AVEC SOLUTIONS SUR LA THÉORIE DES SOUS-ENSEMBLES FLOUS, par A. KAUFMANN, T. DUBOIS et M. COOLS. 1975, 176 pages.

DÉCISIONS RATIONNELLES DANS L'INCERTAIN, par M. TRIBUS. Traduit de l'américain par J. PÉZIER. 1972, 502 pages, 95 figures, 67 tableaux.

SIMULATION DÉTERMINISTE DU HASARD, par J. MAURIN. Ouvrage publié avec le concours du Centre National de la Recherche Scientifique. 1975, 128 pages, 5 figures.

INTRODUCTION AUX GRAPHES ET AUX RÉSEAUX, par W. L. PRICE. Traduction française de H. Grunspan. 1974, 120 pages, 84 figures.

STATISTIQUE ET DÉCISIONS ÉCONOMIQUES

PROCESSUS ALÉATOIRES
UTILISÉS EN
RECHERCHE OPÉRATIONNELLE

PAR

D. CARTON

Professeur au CEPE et à l'ENSAE

MASSON ET Cie ÉDITEURS

120, BOULEVARD SAINT-GERMAIN, PARIS-VIe

1975

ISBN : 2-225-42735-6

Imprimé en France

PRÉFACE

La Collection « *Statistique et décisions économiques* » *présente les cours de l'École Nationale de la Statistique et de l'Administration Économique* (*ENSAE*) *et du Centre d'Études des Programmes Économiques* (*CEPE*), *lequel est lui-même, pratiquement, une branche de l'ENSAE.*

C'est donc une collection dont la vocation scolaire est très affirmée, de sorte que le lecteur n'y trouvera d'ouvrages novateurs et fortement inspirés par une recherche personnelle qu'exceptionnellement.

En revanche, il devrait pouvoir y trouver normalement des exposés assez concis des modes de raisonnement ordinaires, assortis d'exemples et d'exercices souvent constitués par schématisation de situations concrètes.

Il est dans l'esprit des programmes des deux Écoles de mettre assez correctement en évidence les bases théoriques des méthodes ou des modèles proposés, afin qu'il n'y ait pas de malentendu quant à la portée véritable des règles d'action; par exemple dans l'ordre de ce que l'on appelle l' « *économie normative* ». *Cela peut se traduire par une place assez large faite à l'abstraction, qui semblera parfois peu conforme à l'esprit d'Écoles destinées à former des statisticiens ou des économistes* « *professionnels* ». *Mais il n'y a guère de remède à ce détour, à moins que l'on ne s'en remette à des* « *principes d'autorité* » *parfaitement contestables.*

Le lecteur doit encore savoir que les mathématiques éventuellement utilisées le seront comme langage, sans constituer une fin propre; du moins en règle générale. Ces mathématiques seront donc celles de l'ingénieur, sauf lorsque la mise en évidence de certaines propriétés exigera des outils plus puissants.

Enfin, il convient, sans doute, d'ajouter que les cours proposés sont normalement issus de plusieurs années d'enseignement, et que leur mise au point est largement redevable à la critique mutuelle des enseignants, ainsi qu'à la critique des élèves des deux Établissements. Chaque Auteur s'engage personnellement pour ses péchés, mais il doit beaucoup aux observations qui lui ont été faites.

Les deux Écoles souhaitent vivement que cette critique s'élargisse, et que de nombreux lecteurs jouent à leur tour le rôle de censeurs. Car c'est ainsi que l'on progresse.

J. C. Milleron et Ch. Prou.

TABLE DES MATIÈRES

AVANT-PROPOS

Depuis une vingtaine d'années déjà, l'utilisation des processus aléatoires est de plus en plus importante ainsi qu'on peut le constater par le nombre de livres, d'articles et même de revues spécialisées qui leur sont consacrés. Bon nombre d'étudiants d'université et la plupart des élèves des grandes écoles scientifiques y sont maintenant initiés.

Ce livre vise à introduire les principales notions et la méthodologie utilisée dans ce domaine. Le champ d'application recherché étant celui de la recherche opérationnelle ce sont surtout les statisticiens, ingénieurs et chercheurs opérationnels qui doivent y trouver un outil de travail où les résultats essentiels sont exposés et démontrés bien que certaines preuves trop compliquées soient omises; le lecteur étant alors renvoyé à des ouvrages plus mathématiques.

Des exemples et de nombreux exercices, dont la solution pourra faire l'objet d'un autre ouvrage, sont présentés dans chaque chapitre. Bien évidemment un tel livre doit beaucoup aux auteurs antérieurs qui sont cités dans la bibliographie.

Je voudrais remercier ici le professeur Bui Trong Lieu qui, il y a plusieurs années, m'a amicalement introduit dans ce domaine ainsi que MM. Prou et Gardelle qui m'ont encouragé à écrire ce livre et m'ont accueilli au CEPE. Je remercie aussi David Feingold qui m'a facilité le travail matériel et m'a permis d'enseigner cette matière ainsi que Christian Bourgin et Christian Maillard qui m'assistent depuis plusieurs années et dont les remarques ainsi que celles des élèves du CEPE, de l'École Centrale et de l'ENSAE m'ont été fort utiles. Enfin, mes remerciements vont aussi à la CRAM qui a eu la charge ingrate de la frappe du manuscrit.

INTRODUCTION GÉNÉRALE

De nombreuses observations de la vie économique ou industrielle, de l'étude des populations, des sciences physiques ou sociales .. se présentent sous forme d'une histoire ou d'une chronique; on est donc conduit à noter l'évolution,au cours du temps,de phénomènes où intervient le hasard ou dont les causes qui les régissent sont tellement complexes et multiples qu'ils sont bien représentés par des modèles aléatoires.

Ainsi en est-il, par exemple, de la consommation électrique des 30 dernières années, du débit journalier d'un cours d'eau, du nombre d'accidents d'automobiles à chaque week end, du niveau d'un stock de pièces détachées, de la fortune d'un joueur de roulette ...

Pour chacun de ces cas le résultat est une courbe ou une suite de nombres dont les valeurs successives sont plus ou moins liées traduisant ainsi une certaine hérédité ou mémoire.

Le calcul des probabilités s'applique à des épreuves où chaque résultat possible est un nombre; les objets évoqués plus haut appartiennent eux à la théorie des processus aléatoires ou processus stochastiques que Doob, dans son traité fondamental, définit comme une abstraction mathématique d'un processus empirique dont le développement est gouverné par des lois de probabilité.

Est donc un processus aléatoire toute famille de variables aléatoires $X(t)$ telles que pour $t \in T$, $X(t)$ soit une variable aléatoire prenant sa valeur dans un ensemble D ou espace des états.

Si T est un ensemble fini ou dénombrable on dit que le processus est discret : on utilise alors souvent le terme de chaîne et c'est ce qui sera fait dans ce livre. On réserve le terme de processus continu ou permanent au cas où T est un intervalle ou l'ensemble des réels; dans la suite, lorsqu'il n'y a pas d'ambiguïté on utilisera simplement le mot processus.

Un modèle très fréquent de dépendance est celui imaginé vers 1910 par A. Markov pour rendre compte, paraît-il, de la succession des caractères utilisés dans un poème russe qu'il étudiait alors.

Le processus X(t) est markovien si quelle que soit la suite croissante d'instants $t_1, t_2, \ldots t_n$ antérieurs à t :

$$Pr\{X(t) = x/X(t_1) = x_1, \ldots, X(t_n) = x_n\} = Pr\{X(t) = x/X(t_n) = x_n\}$$

c'est-à-dire que quelles que soient les informations recueillies sur le passé *la loi conditionnelle* de X(t) ne dépend que du passé le plus récent; ce qu'il ne faut pas traduire évidemment par l'indépendance entre X(t) et $X(t_1) \ldots X(t_{n-1})$.

Ce seront les conséquences de cette hypothèse qui seront développées en distinguant pour les chaînes le cas où l'ensemble D est fini ou dénombrable (chapitre 2) et celui où D est l'ensemble des réels ou simplement un intervalle (chapitre 3).

Dans le cas de processus permanents on n'étudiera que les espaces d'états discrets en traitant divers types : le processus de Poisson et ses dérivés (chapitre 4) puis les processus de vie et de mort et enfin les processus markoviens à nombre fini d'états (chapitre 5). Les processus markoviens à espace d'états continu ont paru trop compliqués à développer dans le cadre de cet ouvrage qui ne veut être qu'une introduction.

Dans les chaînes ou les processus de Markov on s'intéresse certes aux lois d'évolution dont on cherche, en particulier, quelques propriétés mais c'est l'aspect passionnant du comportement asymptotique et des lois d'équilibre statistique qui retiendra une grande partie de notre attention.

Cependant pour rester fidèle à l'objectif du livre le théorème ergodique qui établit, sous certaines conditions, l'égalité des moyennes spatiale $\lim_{t\to\infty} E[f(x(t))]$ et temporelle $\lim_{t\to\infty} \frac{1}{t} \sum_t f(x(t))$ (ou une intégrale), pour toute fonction f telle que l'espérance mathématique existe, a simplement été démontrée pour une fonction indicatrice et dans le cas simple de chaîne de Markov finie.

Mais l'exposé des processus aléatoires utilisés en recherche opérationnelle n'a pas été limité au cas markovien et deux sujets ont permis d'autres développements.

D'abord, dans une introduction aux files d'attente, plusieurs processus non markoviens sont présentés et développés et, grâce à un lien avec les chapitres précédents, un certain nombre de résultats utilisables en pratique sont présentés. Cependant le chapitre 6 ne peut être qu'une introduction à un domaine par ailleurs très développé dans plusieurs livres et d'innombrables articles.

Enfin le chapitre 7 traite des processus de renouvellement qu'on retrouve dans beaucoup de domaines et en particulier en fiabilité. Un processus X(t) est de renouvellement s'il existe une suite croissante d'instants aléatoires t_1, t_2 ... t_n ou points de régénération tels que la connaissance de l'état en t_n résume toute l'information utile pour l'évolution au-delà de t_n. Ce sont donc des processus non markoviens qu'on peut, d'un certain point de vue, rattacher aux processus de Poisson.

D'autre part le chapitre 1 est consacré aux promenades aléatoires qui sont certes un cas particulier de chaîne de Markov. Cependant il a paru intéressant de présenter, à cette occasion quelques méthodes utiles pour la suite et de plus d'expliciter quelques résultats propres à ce modèle.

Les problèmes d'estimation et de test dans le cas des processus ne sont pas abordés dans ce livre mais le lecteur intéressé par ces problèmes se reportera avec profit à [1].

Liens entre les différents chapitres

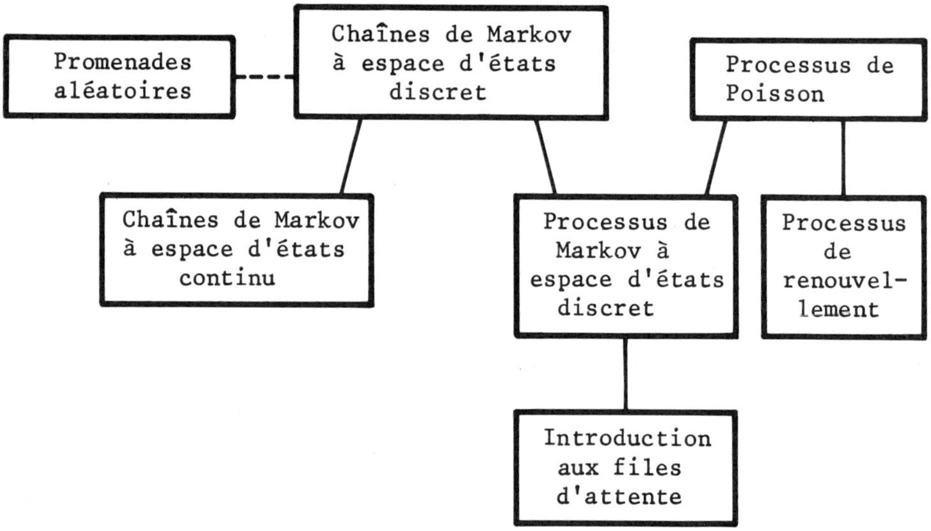

CHAPITRE I

LES PROMENADES ALÉATOIRES

1.1. - INTRODUCTION

Les modèles de promenades aléatoires apparaissent assez naturellement dans de nombreux problèmes concrets et ce sont sans doute les cas les plus simples de suites de variables aléatoires liées. On peut considérer qu'il s'agit de l'étude des fluctuations d'une somme de variables aléatoires (v.a.) indépendantes toutes de même loi. L'état du système à l'instant K est X_K défini par

$$X_K = \sum_{i=o}^{K} Y_i \text{ ou encore } X_{K+1} = X_K + Y_{K+1}$$

avec Y_i $i = 1,2 \ldots$ étant des variables aléatoires indépendantes et de même loi; $Y_o = X_o$ désignant l'état initial.

Exemple 1 - X_K est l'état du stock au début de l'époque K+1 (mois ou année) et Y_i représente les bilans (mensuels ou annuels) entrée sortie de l'époque i. On a donc $X_{K+1} = X_K + Y_{K+1}$.

Exemple 2 - Pour les jeux à deux joueurs X_K est l'état de la fortune d'un des joueurs après K parties et Y_i est pour ce joueur le résultat de la $i^{ème}$ partie.

Les problèmes spécifiques à ces modèles se traitent à partir des notions de barrières absorbantes et réfléchissantes. Nous introduirons d'abord quelques idées et techniques utiles dans la suite en particularisant les variables Y_i qui sont supposées ne prendre que deux valeurs: $Y_i = +1$ avec probabilité p ou -1 avec probabilité q (ce qui correspond aux parties de pile ou face dans l'exemple 2). Les résultats concernant des variables aléatoires plus générales seront présentés à la fin de ce chapitre.

1.2. - PROMENADES AVEC BARRIERES ABSORBANTES

On supposera qu'en 0 et b (entier) sont placées des barrières absorbantes qui ont la propriété que la promenade "cesse" lorsqu'on les atteint (ce qui correspond, par exemple, à une rupture de stock ou à la ruine d'un des joueurs pour la barrière en 0).

Les problèmes suivants seront successivement examinés :

- probabilité d'être absorbé en 0 ou en b,
- durée moyenne ou nombre moyen de pas jusqu'à l'absorption,
- étude de la variable aléatoire temps ou nombre de pas jusqu'à l'absorption.

Etude des probabilités d'absorption

Notons q_j la probabilité que l'absorption ait lieu en 0 lorsque la position initiale est $j (Y_o = j)$.

Nous allons établir pour q_j une équation aux différences. Elle sera du type de l'équation en arrière telle que nous l'introduirons dans les processus de Markov; c'est-à-dire qu'elle est obtenue en s'interrogeant sur la première transition qui était $+ 1$, avec probabilité p et la nouvelle "position initiale" est $j + 1$, ou $- 1$ avec probabilité q et la nouvelle "position initiale" est alors $j - 1$ d'où

$$q_j = p\, q_{j+1} + q\, q_{j-1}$$

avec les conditions aux limites $q_o = 1 \quad q_b = 0$.

La solution est alors

(1.1)
$$q_j = \frac{\left(\frac{q}{p}\right)^b - \left(\frac{q}{p}\right)^j}{\left(\frac{q}{p}\right)^b - 1} \qquad p \neq q$$
$$q_j = 1 - \frac{j}{b} \qquad p = q = \frac{1}{2}$$

De même en notant p_j : la probabilité que l'absorption ait lieu en b lorsque la position initiale est j, on a

$$p_j = p\, p_{j+1} + q\, p_{j-1}$$

avec $p_o = 0 \qquad p_b = 1$

D'où

(1.2)
$$p_j = \frac{\left(\frac{q}{p}\right)^j - 1}{\left(\frac{q}{p}\right)^b - 1} \qquad p \neq q$$
$$p_j = \frac{j}{b} \qquad p = q = \frac{1}{2}$$

Remarques

1) $p_j + q_j = 1 \Longrightarrow$ l'événément "absorption en 0 ou b" est certain.

2) Dans le cas du jeu étudions l'effet d'un changement de mises Avoir une mise de $\frac{1}{2}$ au lieu de 1 revient dans les formules précédentes à remplacer j par 2 j et b par 2 b et la nouvelle probabilité d'absorption en 0 (probabilité de ruine) est

$$q_j^* = \frac{\left(\frac{q}{p}\right)^{2b} - \left(\frac{q}{p}\right)^{2j}}{\left(\frac{q}{p}\right)^{2b} - 1} \qquad \text{d'où si } q > p \Longrightarrow q_j < q_j^*$$

Donc si les mises sont doublées (passer de $\frac{1}{2}$ à 1) les fortunes initiales (j et b-j) étant inchangées la probabilité de ruine décroît pour le joueur dont la probabilité de gain à chaque partie est inférieure à $\frac{1}{2}$.

On en déduit que dans un jeu (à mise constante pour toutes les parties) le joueur désavantagé ($p < \frac{1}{2}$) minimise sa probabilité de ruine en misant aussi grand que cela est compatible avec les fortunes initiales.

Exemple

$p = 0,45$	$j = 9$	$b = 10$	$q_j = 0,210$
$p = 0,45$	$j = 90$	$b = 100$	$q_j = 0,866$

Si $j = 90$ et $b = 100$ la probabilité de ruine pour le joueur désavantagé ($p = 0,45$) est 0,866 en misant 1 à chaque partie mais elle n'est plus que de 0,210 en misant 10 (mais on verra plus loin que cela diminue aussi la durée moyenne du jeu. Que faut-il préférer ?)

Etude directe de la durée moyenne jusqu'à l'absorption

L'absorption peut avoir lieu en 0 ou b et à une époque qui est une variable aléatoire M.

Pour un état initial j appelons D_j cette durée moyenne du jeu : $D_j = E\{M/X_o = j\}$.

Faisons le même type de raisonnement : ou la première transition a conduit en $j + 1$ avec probabilité p et la durée moyenne est alors $D_{j+1} + 1$ ou elle a conduit en $j - 1$ avec probabilité q et la durée moyenne devient $D_{j-1} + 1$ d'où

$$D_j = p(D_{j+1} + 1) + q(D_{j-1} + 1)$$

soit $$D_j = p\, D_{j+1} + q\, D_{j-1} + 1$$

$$\text{avec } D_o = 0 \qquad D_a = 0$$

Donc la solution est

$$(1.3) \qquad \boxed{\begin{aligned} D_j &= \frac{j}{q-p} - \frac{b}{q-p}\,\frac{1-\left(\frac{q}{p}\right)^j}{1-\left(\frac{q}{p}\right)^b} \qquad & q \neq p \\ &= j(b-j) & p = q = \frac{1}{2} \end{aligned}}$$

Exemple

$$p = q = \frac{1}{2} \qquad j = 500 \qquad b = 1\ 000$$

(c'est le cas d'un jeu où chacun des joueurs possède au départ 500, la mise est 1 et le jeu est équitable)$\Longrightarrow D_j = 250\ 000$ (intuitif ?)

Remarque

On peut de même étudier l'effet du changement de mise. Si on passe de 1 à $\frac{1}{2}$ on obtient D_j en remplaçant dans D_j : j par 2j et b par 2b.

On note alors que pour $q > p \Longrightarrow D_j < D_j^*$ (cas de la mise $\frac{1}{2}$).

<u>Etude de la variable aléatoire : temps jusqu'à l'absorption</u>

Intéressons-nous par exemple à la barrière en 0. Remarquons d'abord qu'étudier l'absorption en 0 c'est aussi étudier le *premier passage* par 0. De façon générale l'étude du premier passage par un état quelconque peut toujours se ramener au cas étudié ici en mettant une barrière absorbante en cet état.

Notons N la variable aléatoire : époque du premier passage par 0 et $\Pi_j^{(n)} = \text{Prob}\ \{N = n/X_o = j\} = \text{Prob}\ \{o < X_1 < b,$ $o < X_2 < b, \ldots, o < X_{n-1} < b, X_n = o/X_o = j\}$.

On a comme précédemment :

$$\Pi_j^{(n+1)} = p\ \Pi_{j+1}^{(n)} + (1-p)\ \Pi_{j-1}^{(n)} \qquad n \geqslant 1 \qquad j \geqslant 1$$

avec $\Pi_o^{(n)} = o$ et $\Pi_b^{(n)} = o$ si $n \geqslant 1$

$\Pi_o^{(o)} = 1 \qquad \Pi_j^{(o)} = o$ si $j > o$

Cette équation se résoud facilement en introduisant la "fonction génératrice"

$$\Pi_j(z) = \sum_{n=o}^{\infty} \Pi_j^{(n)} \quad z^n \qquad z \leqslant 1$$

$\Pi_j^{(1)}$ est la probabilité que l'absorption ait lieu en 0 : formule (1.1).

Les relations précédentes conduisent à :

$$\Pi_j(z) = p\,z\,\Pi_{j+1}(z) + q\,z\,\Pi_{j-1}(z)$$

$$\Pi_o(z) = 1 \qquad \Pi_b(z) = 0$$

d'où la solution

$$(1.4) \qquad \boxed{\begin{aligned} &\Pi_j(z) = \left(\frac{q}{p}\right)^j \frac{\lambda_1^{b-j}(z) - \lambda_2^{b-j}(z)}{\lambda_1^b(z) - \lambda_2^b(z)} \\ &\lambda_1(z) = \frac{1 + \sqrt{1 - 4pqz^2}}{2pz} \qquad \lambda_2(z) = \frac{1 - \sqrt{1 - 4pqz^2}}{2pz} \end{aligned}}$$

On traiterait de même l'événement absorption en b ou époque de premier passage en b. D'où sa fonction génératrice qui ajoutée à $\Pi_j(z)$ donnerait la fonction génératrice de la variable aléatoire époque d'absorption (en 0 ou en b).

Etude du cas où l'une des barrières s'éloigne indéfiniment

Cette situation est assez importante (jeu contre un joueur infiniment riche, réservoir de capacité immense par rapport aux retraits ou aux apports ...). Elle correspond à $b \to \infty$.

Probabilité d'absorption en 0

D'après les formules (1.1 et 1.2) on a

$$\text{si } q \geqslant p \qquad q_j \to 1$$

$$q < p \qquad q_j \to \left(\frac{q}{p}\right)^j$$

L'absorption en 0 n'est donc certaine que pour $p \leqslant q$. Autrement la promenade peut durer indéfiniment.

Donc si $p > q$ la durée aléatoire N de la promenade est une variable aléatoire dégénérée (masse ponctuelle $= 1 - \left(\frac{q}{p}\right)^j$ à l'infini).

Durée moyenne

D'après les formules (1.4) et seulement dans le cas $p \leqslant q$ (pour $p > q$, D_j n'a plus de sens sauf si on conditionne par l'événement : l'absorption en 0 a lieu)

$$D_j \to \frac{j}{q-p} \qquad p < q$$

$$D_j \to +\infty \qquad p = q = \frac{1}{2}$$

Dans le cas de la promenade symétrique ($p = q = \frac{1}{2}$) *l'absorption est certaine mais n'intervient qu'au bout d'un temps moyen infini.*

Variable aléatoire N : époque où l'absorption en 0 intervient

Cette étude n'a de sens que pour $p \leqslant q$.

Il faut remplacer la condition $\Pi_b(z) = 0$ par $\Pi_j(1) = 1$ (la fonction génératrice est définie pour $z = 1$ car l'absorption en 0 est certaine :

$$\sum_{n=0}^{\infty} \Pi_j^{(n)} = 1)$$

Or $\Pi_j(z) = A\,\lambda_1^j(z) + B\,\lambda_2^j(z) \Longrightarrow B = 0$ et $A = 1$

d'où on obtient

$$\Pi_j(z) = \left(\frac{1 - \sqrt{1 - 4pqz^2}}{2pz}\right)^j \qquad (1.5)$$

On en déduit les moments :

$$E(N) = D_j = \begin{cases} \dfrac{j}{q-p} & \text{si } p < q \\ \infty & \text{si } p = q \end{cases}$$

$$V(N) = \begin{cases} \dfrac{4pqj}{(q-p)^3} & \text{si } p < q \\ \infty & \text{si } p = q \end{cases}$$

et la forme générale des probabilités d'absorption

$$\Pi_j^{(n)} = \frac{j}{n} \binom{n}{(n+j)/2} p^{(n-j)/2} \quad q^{(n+j)/2}$$

avec la convention que $\Pi_j^{(n)} = 0$ si n et j n'ont pas la même parité.

Remarque

La forme de la fonction génératrice nous montre que la variable aléatoire étudiée est la somme de j *variables aléatoires indépendantes* toutes de même loi. Ce sont les temps d'attente entre les premiers passages successifs par j-1, j-2, ... 2, 1, 0. On voit l'importance de cette notion d'époque de premier passage (ou temps d'arrêt) qu'on aura l'occasion d'utiliser dans la suite.

1.3. - PROMENADES AVEC BARRIERES REFLECHISSANTES

Comportement aux barrières

Plaçons en 0 et b deux barrières réfléchissantes qui auront l'influence suivante sur X_n : position de la particule ou état du système à l'instant n

- si $X_n \neq 0$ et $X_n \neq b$ l'évolution est comme précédemment c'est-à dire $X_{n+1} = X_n + Y_{n+1}$

- si $X_n = 0$ alors $X_{n+1} = 0$ si $Y_{n+1} = -1$ (probabilité q) et
  $X_{n+1} = 1$ si $Y_{n+1} = +1$ (probabilité p)

- si $X_n = b$ on a $X_{n+1} = b$ si $Y_{n+1} = +1$ (probabilité p) et
  $X_{n+1} = b - 1$ si $Y_{n+1} = -1$ (probabilité q).

Loi de probabilité de l'état du système

Notons $p_{ij}^{(n)} = \{\Pr \ X_n = j/X_0 = i\}$

on a $p_{ij}^{(n)} = p\, p_{i,j-1}^{(n-1)} + q\, p_{i,j+1}^{(n-1)} \quad j \neq 0$ et $j \neq b$

Remarquons que cette relation est obtenue en s'interrogeant sur l'état "final" (passage de l'instant n-1 à l'instant n) et non sur l'état initial (passage de 0 à 1) comme dans le cas des barrières absorbantes. On retrouvera ces deux voies d'approche (équation en avant et équation en arrière) ultérieurement.

Les conditions en 0 et b conduisent à

$$p_{ib}^{(n)} = p \quad p_{i,b-1}^{(n-1)} + p\, p_{ib}^{(n-1)}$$

et $$p_{io}^{(n)} = q \quad p_{io}^{(n-1)} + q\, p_{io}^{(n-1)}$$

On peut résoudre de proche en proche ces équations en remarquant par exemple que $p_{i,j}^{(1)} = 0$ si $j \neq i-1,\ i+1$ et $p_{i,\,i+1}^{(1)} = p$; $p_{i,\,i-1}^{(1)} = q$ ....

<u>Distribution de probabilité à l'équilibre</u>

On peut naturellement se poser la question de l'existence d'un état d'équilibre, c'est-à-dire

$$p_{ij}^{(n)} \to (\text{si } n \to \infty)\ \Pi_j \ ?\ \text{indépendant de } i.$$

Si de tels Π_j existent, ils sont solution du système

$$\Pi_j = p \quad \Pi_{j-1} + q\ \Pi_{j+1}$$

$$\Pi_o = q \quad \Pi_o \quad + q\ \Pi_1$$

$$\Pi_b = p \quad \Pi_b \quad + p\ \Pi_{b-1}$$

$$\Longrightarrow \Pi_j = \frac{1 - \frac{p}{q}}{1 - \left(\frac{p}{q}\right)^{b+1}} \times \left(\frac{p}{q}\right)^j \quad : \text{loi géométrique tronquée}$$

En particulier $p = q = \frac{1}{2} \Longrightarrow \Pi_j = \frac{1}{b+1}$: répartition avec équiprobabilité sur les différents états.

Si $b \to \infty$ on constate qu'une distribution d'équilibre n'est possible que si $p < q$ et dans ce cas $\Pi_j = (1 - \frac{p}{q}) \left(\frac{p}{q}\right)^j$

Si $p = q = \frac{1}{2}$ on sait qu'on est sûr d'atteindre la barrière réfléchissante (mais après un temps moyen infini) et la probabilité d'être en j tend vers 0 (on verra à nouveau ce cas lors de l'étude des états récurrents nuls par les chaînes de Markov).

1.4. - PROMENADE ALEATOIRE GENERALE A UNE DIMENSION

Les études précédentes faites avec $Y_i = \pm 1$ peuvent évidemment s'étendre facilement à des variables aléatoires prenant un nombre fini de valeurs. Aussi est-il plus intéressant d'étudier maintenant le cas où le pas est une variable aléatoire Y de densité f(y).

Tout d'abord rappelons que dans le cas de promenades sans barrière les résultats concernant les sommes de variables aléatoires indépendantes s'appliquent. On a en particulier avec $\mu = E(Y_i)$ et $\sigma^2 = \mathrm{var}(Y_i)$.

Loi des grands nombres

Si $n \to \infty$ $\frac{X_n}{n} \to \mu$ avec probabilité 1. Plus précisément

$$\Pr\left\{ \lim_{n\to\infty} \frac{X_n}{n} - \mu = 0 \right\} = 1$$

Théorème central limite

Si n grand $\frac{X_n - n\mu}{\sqrt{n\sigma^2}}$ a approximativement une loi gaussienne

$$\lim_{n\to\infty} \Pr\left\{ \frac{X_n - n}{\sqrt{n\sigma^2}} \leqslant t \right\} = \frac{1}{\sqrt{2\Pi}} \int_{-\infty}^{t} e^{-\frac{1}{2}x^2} dx$$

Loi du logarithme itéré

Si n grand on a quel que soit $\varepsilon > 0$

$$\Pr\left\{ \frac{X_n - n\mu}{\sqrt{2n\sigma^2 \log\log n}} > 1 - \varepsilon \text{ infiniment souvent} \right\} = 1$$

$$\Pr\left\{\frac{X_n - n\mu}{\sqrt{2n\sigma^2 \log\log n}} > 1 + \varepsilon \text{ infiniment souvent}\right\} = 0$$

Dans la suite on supposera que l'état initial est $X_o = 0$

1.5. - PROMENADE ALEATOIRE GENERALE AVEC BARRIERES ABSORBANTES *

Résultats préliminaires

Mettons deux barrières absorbantes en $a < 0$ et $b > 0$.

Soit N l'époque d'arrêt de la promenade aléatoire;

$\{N = n\}$ signifie que $X_{n+1} > b$ ou $X_{n+1} < a$ et

$a < X_1, X_2, \dots X_n < b$. avec $X_o = 0$.

A cause de la nature de la variable aléatoire Y_y qui a une densité quelconque $f(y)$, X_N est une variable aléatoire à valeurs sur $(-\infty, a)$ et $(b, +\infty)$.

Ces deux variables aléatoires N et X_N sont reliées par une identité célèbre qui est l'identité de Wald que nous allons prouver selon la démonstration donnée dans Cox et Miller.

Rappelons d'abord quelques résultats sur la transformée de Laplace d'une densité de probabilité.

Supposons que Y soit une variable aléatoire dont le support contienne 0 c'est-à-dire telle qu'il existe $\delta > 0$ avec

$$\Pr\{Y < -\delta\} > 0 \text{ et } \Pr\{Y > \delta\} > 0$$

$$\text{Soit } f^*(s) = E(e^{-sY}) = \int_{-\infty}^{+\infty} e^{-sy} f(y)\, dy$$

(en supposant que $f(y) \to 0$ assez rapidement, lorsque $y \to \pm\infty$, pour que l'intégrale existe)

a) $f^*(s)$ est une fonction convexe car $\dfrac{d^2 f^*(s)}{ds^2} > 0$

b) De plus $f^*(s) \to +\infty$ si $s \to \pm\infty$

*Ce paragraphe n'est pas utilisé dans la suite.

c) D'où on en déduit que la fonction $f(s)$ admet un minimum

$$\hat{s} \text{ tel que } f^*(\hat{s}) \begin{cases} < 1 & \text{si } \mu = E(Y) \neq 0 \\ = 1 & \text{si } \mu = E(Y) = 0 \end{cases}$$

et par conséquent pour $\mu \neq 0$ l'équation $f^*(s) = 1$ possède une seconde racine s_1 différente de $s = 0$ telle que s_1 est de même signe que μ.

Pour $\mu = 0$ la racine $s = 0$ est une racine double.

Lemme :

Lorsque a et b sont finis, N est une variable aléatoire non dégénérée (l'évènement absorption en l'une des deux barrières est certain).

Soit $f_n(x)\,dx = \Pr\{a < X_1, X_2, \dots X_{n-1} < b,\ x < X_n < x + dx\}$

et $f_o(x) = \delta(x)$ (distribution de probabilité concentrée au point $x = 0$)

On a $\Pr\{N > n\} = \int_a^b f_n(x)\,dx$

D'autre part désignons par A l'événement "absorption en a ou b"

$$\Pr\{A\} = \lim_{n\to\infty} \Pr\{N < n\}$$

$$= 1 - \lim_{n\to\infty} \int_a^b f_n(x)\,dx$$

Or si pour une promenade sans barrières absorbantes on note

$$g_n(x)\,dx = \Pr\{x < X_n < x + dx\} \quad \text{on a}$$

$$\int_a^b f_n(x)\,dx \leqslant \int_a^b g_n(x)\,dx$$

et ce second membre tend vers 0 lorsque $n \to \infty$, a et b étant finis (théorème central limite) avec la condition suffisante que $E(Y^2)$ soit fini.

D'où $\Pr\{A\} = 1$.

De plus on notera que pour $x < a$ ou $x > b$ on a

$$f_n(x)\, dx = \Pr\{N = n \text{ et } x < X_N < x + dx\}$$

et par conséquent

$E(e^{-sX_N} z^N)$ est par définition égale à

$$\sum_{n=1}^{\infty} z^n \left[\int_{-\infty}^{a} e^{-sx} f_n(x)\, dx + \int_{b}^{\infty} e^{-sx} f_n(x)\, dx \right]$$

Posons $K(s, z) = \sum_{n=0}^{\infty} z^n \int_a^b e^{-sx} f_n(x)\, dx$

qui est la fonction génératrice de $f_n(x)$ pour $x \in (a,b)$

Lemme :

Démontrons que : $\left[E\, e^{-sX_N} z^N\right] = 1 - \left[1 - zf^*(s)\right] K(s, z)$

En effet on a

$$f_n(x) = \int_a^b f(x-y)\, f_{n-1}(y)\, dy \qquad n = 1, 2, \ldots$$

qui vient de $X_n = X_{n-1} + Y_n$

D'où on tire que

$$\int_{-\infty}^{+\infty} e^{-sx} f_n(x)\, dx = f^*(s) \int_a^b e^{-sy} f_{n-1}(y)\, dy$$

Or d'après ce qui précède

$$E(e^{-sX_N} z^N) = \sum_{n=1}^{\infty} z^n \left[\int_{-\infty}^{+\infty} e^{-sx} f_n(x) - \int_a^b e^{-sx} f_n(x)\, dx \right]$$

$$= \sum_{n=1}^{\infty} z^n f^*(s) \int_a^b e^{-sy} f_{n-1}(y)\, dy - \left[K(s,z) - \int_a^b e^{-sx} f_0(x)\, dx \right]$$

$$= zf^*(s)\, K(s,z) - K(s,z) + 1 \qquad \text{C.Q.F.D.}$$

Notons que pour des variables aléatoires discrètes au lieu de $f^*(s)$ on aurait introduit $f(u) = E(u^X)$ et la relation serait $E(u^{X_N} z^N) = 1 - [1 - z\, f(u)]\; G(u,z)$ où $G(u,z)$ serait l'analogue de $K(s,z)$.

Identité de Wald

Posons $z = [f^*(s)]^{-1}$; l'identité précédente devient

$$(1.6) \qquad \boxed{E\left\{e^{-sX_N}\,[f^*(s)]^{-N}\right\} = 1} \qquad \text{pour } s \neq \hat{s}$$

Notons que ce qui précède est licite car il suffit de s'assurer que $K(s,z)$ ne devient pas infini pour $z = [f^*(s)]^{-1}$

$$\text{Or } K(s,z) = \sum_{n=0}^{\infty} z^n \int_a^b e^{-sx} f_n(x)\,dx < \sum_{n=0}^{\infty} z^n e^{-sa} \int_a^b f_n(x)\,dx$$

et si $s > 0$

$$\int_a^b f_n(x)\,dx \leqslant \int_a^b g_n(x)\,dx \leqslant \int_a^b e^{-s(x-a)} g_n(x)\,dx \leqslant e^{sa}$$

$$\int_{-\infty}^{+\infty} e^{-sx} g_n(x)\,dx \Longrightarrow \int_a^b f_n(x)\,dx \leqslant e^{sa}\,[f^*(s)]^n \quad \forall s > 0$$

donc en particulier pour $s = \hat{s}$ (si $\mu > 0$; résultat analogue pour $\mu < 0$)

$$\Longrightarrow K(s,z) \leqslant e^{\hat{s}a} \sum_{n=0}^{\infty} z^n\,[f^*(s)]^n \text{ qui est donc convergente si}$$

$z < [f^*(\hat{s})]^{-1}$ c'est-à-dire pour $s \neq \hat{s}$ (sinon passer à la limite)

Applications de l'identité de Wald

Rappelons que cette identité est valable pour les variables discrètes, car de façon générale $f^*(s) = E\,(e^{-sY})$.

On peut donc retrouver à partir de cette identité les résultats établis pour $Y_i = \pm 1$ avec $X_N = 0$ ou b (en faisant le décalage convenable pour tenir compte de ce que l'identité de Wald a été établie pour $X_0 = 0$).

En effet pour 1.2 on a $f^*(s) = p\,e^{-s} + q\,e^{+s}$,

d'où $f^*(s) = 1 \Longrightarrow s = 0$ et $s_1 = \log \frac{p}{q}$ $p \neq q$.

On applique l'identité de Wald pour cette dernière valeur avec $X_N = -j$ pour l'absorption en o et $X_N = b - j$ pour l'absorption en b d'où d'après (1.6) :

$$p_j\, e^{-s_1 j} + q_j\, e^{-s_1 (b-j)} = 1$$ et on retrouve les formules (1.1) et (1.2).

De façon générale si p_a et p_b désignent respectivement les probabilités d'être absorbées sur $(-\infty, a)$ et $(b, +\infty)$ on a

$$P_a\, E\left[e^{-sX_N}\, [f^*(s)]^{-N} / X_N \leqslant a\right] + P_b\, E\left[e^{-sX_N} [f^*(s)]^{-N} / X_N \geqslant b\right] = 1$$

avec $P_a + P_b = 1$ (d'après le premier lemme du § 1.5).

On trouve une bonne approximation en admettant que l'absorption se fait au voisinage des bornes et en confondant alors X_N avec a ou b. D'où pour $s = s_1$: $f(s_1) = 1$

$$P_a\, e^{-s_1 a} + P_b\, e^{-s_1 b} \simeq 1$$

$$P_a + P_b = 1$$

$$P_a \simeq \frac{1 - e^{-s_1 b}}{e^{-s_1 a} - e^{-s_1 b}} \qquad P_b \simeq \frac{e^{-s_1 a} - 1}{e^{-s_1 a} - e^{-s_1 b}}$$

Pour $\mu = 0$ ceci n'est plus valable car $s_1 = 0$, mais par passage à la limite :

$$\Longrightarrow P_a \simeq \frac{+b}{-a+b} \qquad P_b = \frac{-a}{-a+b} \qquad (a < 0,\ b > 0)$$

D'autre part en développant l'identité de Wald au voisinage de $s = 0$ et en notant que

$$\log f^*(s) = 1 - \mu s + \frac{1}{2}\sigma^2 s^2 + o(s^2)$$

$$\Longrightarrow E\{\exp| - (X_N - N\mu)\,\theta - \frac{1}{2} N\sigma^2\theta^2 + \ldots\} = 1$$

$$\Longrightarrow E(X_N - N\mu) = 0$$

et $\left[(X_N - N\mu)^2 - N\sigma^2\right] = 0$

$$\Rightarrow E(N) = \begin{cases} \frac{1}{\mu} E(X_N) & \mu \neq 0 \\ \frac{1}{\sigma^2} E(X_N^2) & \mu = 0 \end{cases}$$

avec $E(X_N) \simeq a P_a + b P_b$

et $E(X_N^2) \simeq a^2 P_a + b^2 P_b$ d'où $E(N)$.

On pourrait aussi utiliser cette identité pour trouver la fonction génératrice associée à N c'est-à-dire $E(s^N)$.

On voit donc l'importance de l'identité de Wald. En particulier dans les méthodes d'échantillonnage séquentiel où N désigne la taille aléatoire de l'échantillon et où les deux barrières absorbantes correspondent à la décision d'arrêt de l'échantillonnage par acceptation ou rejet de l'hypothèse testée.

1.6. - EXERCICES

1.A. Soit une promenade aléatoire sur la droite avec départ en 0 et pas de + 1 (resp - 1) avec probabilités p (resp. q) ($p + q = 1$). Soit X_n la position à l'instant n. On note :

. $u_n = \Pr\{X_n = 0\}$

. f_n = Probabilité que le premier retour à l'origine soit à l'instant n

. $U(s) = \sum_{n=1}^{\infty} u_n s^n$ $F(s) = \sum_{n=1}^{\infty} f_n s^n$ $|s| < 1$

1) Calculer u_n et $U(s)$

2) En déduire $F(s)$ et f_n (on rappelle que $\binom{2n}{n} = (-4)^n \binom{-\frac{1}{2}}{n}$)

3) Soit A l'événement : il y a au moins un retour à l'origine. Calculer $\Pr\{A\}$ en fonction de p et discuter.

4) En utilisant la formule de Sterling montrer que

$$u_{2n} \approx \frac{(4pq)^n}{\sqrt{\pi n}}$$

Etudier la convergence de $\sum u_{2n}$ et la limite de u_n quand n tend vers l'infini.

5) Soit T_r l'instant du $r^{ième}$ retour à l'origine. Quelle est la fonction génératrice de la loi de T_r ?

6) Calculer la probabilité Π_r qu'il y ait au moins r retours à l'origine.

7) On note N_k le nombre de retours à l'origine avant l'instant k (inclus). Relation entre les variables aléatoires N_k et T_r ? Etablir la relation
$E(N_k) = u_1 + ... + u_k$..

8) Pour $p = \frac{1}{2}$ établir la formule

$$E\,(N_{2k}) = E\,(N_{2k+1}) = (2k+1)\binom{2k}{k}2^{-2k} - 1$$

Montrer que si $k \to \infty$ $E\,(N_{2k}) = c\,k^{\alpha}$

1.B. Soit une promenade aléatoire avec barrières absorbantes en a et en b. La loi de probabilité de la longueur y de chaque pas est :

$$\begin{cases} f\,(y) = \dfrac{\nu\lambda}{\lambda+\nu}\,e^{-\nu y} & \text{si } y \geqslant 0 \\[2ex] f\,(y) = \dfrac{\nu\lambda}{\lambda+\nu}\,e^{+\lambda y} & \text{si } y \leqslant 0 \end{cases}$$

Soit X_n la variable aléatoire : abscisse du point atteint après le $n^{ième}$ coup et N l'époque d'absorption - $X_0 = 0$.

1) Calculer la loi de probabilité de la variable aléatoire $\{X_N - b \mid X_N \geqslant b\}$.
Montrer que $\{e^{-\theta X_N} \mid X_N \geqslant b\}$ est indépendant de la loi de N. De même pour $E\{e^{-\theta X_N} \mid X_N \leqslant a\}$.

2) En utilisant la formule de Wald, montrer que l'on peut calculer de façon exacte les probabilités d'absorption. En donner l'expression pour $\lambda \neq \nu$ et $\lambda = \nu$. Que se passe-t-il si $a \to -\infty$?

3) Calculer la moyenne de la loi de probabilité de f (y) et $E\,(X_N)$. Par un développement de l'identité de Wald au voisinage de 0, en déduire E (N) dans les deux cas $\lambda \neq \nu$ et $\lambda = \nu$.

CHAPITRE 2

CHAÎNES DE MARKOV A ESPACE D'ÉTATS DISCRET

2.1. - INTRODUCTION

Soit un système observé en une suite d'instants discrets qu'on identifiera avec la suite des entiers. On supposera que le système ne peut prendre qu'un *nombre fini ou dénombrable d'états* qu'on représentera en général par un entier (mais ce ne sera considéré que comme une notation commode les états considérés pouvant très bien être de type qualitatif (par exemple), un appareil peut être soit en panne, état 0, soit en fonctionnement, état 1.

L'état du système, à l'instant n, sera noté X_n. Une première hypothèse pour la suite des variables aléatoires observées est de les supposer indépendantes. On peut constater à la lecture des ouvrages de calcul des probabilités que cette hypothèse est très féconde et donne lieu à de nombreux développements.

Mais dans la réalité on constate une certaine dépendance entre les données du passé et les résultats présents. Très souvent les variables aléatoires X_n sont enchaînées. Au cours de ce chapitre nous allons étudier un modèle de dépendance qui décrit assez bien l'évolution au cours du temps de nombreux systèmes rencontrés dans les applications. La suite des variables aléatoires $\{X_n\}$ forme une chaîne de Markov si pour tout n (n = 0, 1, 2 ...) et pour toutes les valeurs possibles de la variable aléatoire on a :

$\Pr \{X_n = j/X_0 = i_0, X_1 = i_1, \dots X_{n-1} = i_{n-1}\}$

$= \Pr \{X_n = j/X_{n-1} = i_{n-1}\}$

Donc pour l'évolution future tout le passé est résumé dans l'état présent. Mais il serait faux d'en conclure que X_n ne dépend que de X_{n-1}. En fait les variables aléatoires X_n et X_{n-K} ne sont pas indépendantes. (cf. § 2.3).

Remarque

Si $\Pr \{X_n = j/X_0 = i_0, X_1 = i_1, \dots, X_{n-1} = i_{n-1}\}$

$= \Pr \{X_n = j/X_{n-1} = i_{n-1}, X_{n-2} = i_{n-2}\}$

on dira que la chaîne de Markov est d'ordre 2. On pourrait ainsi introduire plus généralement des chaînes d'ordre r.

Cependant par un changement d'état on peut toujours se ramener à une chaîne d'ordre 1 de Markov (on dira alors simplement chaîne de Markov) et dans la suite on n'étudiera que de telles chaînes.

Les chaînes de Markov *homogènes* sont telles que $\Pr \{X_n = j/X_{n-1} = i\}$ est indépendante de n. C'est une probabilité de transition et elle sera notée p_{ij}. On emploie aussi dans ce cas l'expression : chaîne à probabilités de transition stationnaires, qu'il ne faut pas confondre avec une chaîne stationnaire.

La matrice de probabilité de transition P est $\{p_{ij}\}$ avec i comme indice de ligne et j comme indice de colonne.

Remarques

- Si A désigne un événement antérieur à l'instant n-1, c'est-à-dire une réunion finie ou dénombrable d'événements tels que $\{X_1 = i_1 \dots X_K = i_K\}$ on a $\Pr \{X_n = j/A, X_{n-1} = i\}$

$= \Pr \{X_n = j/X_{n-1} = i\}$

- Il faut que le présent soit entièrement déterminé on n'a pas en général

$\Pr\{X_n = j / X_{n-1} \in B, A\} = \Pr\{X_n = j / X_{n-1} \in B\}$ si l'ensemble B comporte plus d'un point (A étant un événement antérieur à l'instant n-1).

Exemple de construction d'une chaîne de Markov

Supposons que pour une rivière on caractérise le débit de la journée par l'un des deux états suivants : F si le débit est faible et E s'il est élevé. Pour une période d'observation de 5301 jours on dispose donc d'une séquence du type F E E F F F E F ..

Si on veut représenter cette suite par un modèle markovien on notera que les 5300 couples de débit (jour j, jour j+1), j = 1 à 5300, on a le tableau suivant :

		Débit de la journée		
		F	E	
Débit du jour précédent	F	3077	543	3620
	E	588	1092	1680

D'où en divisant chacune des lignes par son total la matrice des probabilités de transition estimées

		F	E
P =	F	0,85	0,15
	E	0,35	0,65

2.2. - PROPRIETES DE LA MATRICE DE TRANSITION

C'est une *matrice stochastique* : $p_{ij} \geqslant 0$, $\sum_j p_{ij} = 1$.

Donc si U est un vecteur dont toutes les composantes sont égales à 1 on a $PU = U \Longrightarrow 1$ est une valeur propre de P (on montre que les autres valeurs propres sont de module inférieur ou égal à 1).

Le produit de 2 matrices stochastiques est une matrice

stochastique. Plus généralement pour K entier : P^K est une matrice stochastique (on a $PU = U \Longrightarrow P^2U = U \ldots$).

Les probabilités de transition en K étapes sont données par P^K.

En effet notons

$$\begin{aligned} p_{ij}^{(2)} &= \Pr\{X_2 = j/X_0 = i\} \\ &= \sum_{\ell} \Pr\{X_2 = j,\ X_1 = \ell/X_0 = i\} \\ &= \sum_{\ell} \Pr\{X_2 = j/X_0 = i,\ X_1 = \ell\} \\ &\quad \times \Pr\{X_1 = \ell/X_0 = i\} \\ &= \sum_{\ell} P_{\ell j}\, P_{i\ell} \quad \text{d'après la propriété de Markov.} \end{aligned}$$

On voit donc que si $P^{(2)} = \{p_{ij}^{(2)}\}$ on a $P^{(2)} = P^2$ et ainsi de proche en proche. En notant

$$p_{ij}^{(K)} = \Pr\{X_K = j/X_0 = i\}$$

si $\quad P^{(K)} = \{p_{ij}^{(K)}\} \Longrightarrow P^{(K)} = P^K.$

Ainsi pour l'exemple des débits de rivière on a

$$P^2 = \begin{pmatrix} 0{,}775 & 0{,}225 \\ 0{,}525 & 0{,}475 \end{pmatrix}$$ signifiant par exemple qu'il y a une probabilité de 0,775 qu'un débit faible soit suivi deux jours plus tard par un débit faible. Les deux lignes de P^2 ne sont pas égales donc les variables X_j et X_{j+2} ne sont pas indépendantes.

Pour tester l'hypothèse de modèle markovien ou pourra comparer cette matrice au tableau obtenu à partir des couples de débit (jour j, jour j+2).

Notons que $P^{m+n} = \{p_{ij}^{(m+n)}\}$ et que la relation triviale pour les matrices à savoir $P^{m+n} = P^m P^n$ qui s'interprète pour les chaînes:

$$\Pr\{X_{(m+n)} = j/X_0 = i\} = \sum_K \Pr(X_m = K/X_0 = i) \times \Pr(X_{m+n} = j/X_n = K)$$

est considérée comme fondamentale dans les processus de Markov et est alors la relation de Chapman-Kolmogoroff.

2.3. - LOI DE PROBABILITE DE X_n (OU LOI A POSTERIORI)

Très souvent au lieu de se donner l'état initial on préférera se donner une distribution de probabilité pour l'état du système à l'instant 0 et on la notera $I_{(o)}$ (ce qui inclut comme cas particulier la donnée de l'état initial).

Or $Pr(X_n = j) = \sum_i Pr(X_o = i) \times Pr\{X_n = j/X_o = i\}$

d'où

(2.1) $$\boxed{I_{(n)} = I_{(o)}\, P^n}$$ ou encore $I_{(n)} = I_{(n-1)}\, P$.

en notant $I_{(n)}$ la distribution de probabilité de X_n. Comme pour les promenades aléatoires, il est naturel de se poser la question : Existe-t-il une loi limite pour $I_{(n)}$ lorsque $n \to \infty$:
On parlera alors de *régime permanent ou d'équilibre* en opposition au régime transitoire.

Puisque toute l'évolution en probabilité du système est "contenue" dans P on se doute que s'il existe un état d'équilibre il sera dû à des propriétés particulières de la matrice P.

2.4. - RESULTATS PRELIMINAIRES SUR LE COMPORTEMENT ASYMPTOTIQUE

Notons I^* le régime d'équilibre s'il existe.

$$I_{(n)} \xrightarrow[n \to \infty]{} I^*$$

Or $I_{(n+1)} = I_{(n)}\, P$ et $(Pr\{X_{n+1} = j\} = \sum_i Pr(X_n = i)$
$\times Pr(X_{n+1} = j/X_n = i)$

$$\Longrightarrow I^* = I^*\, P$$

Donc I^* est un vecteur propre à gauche correspondant à la valeur propre 1 de P.

De plus

$$I_{(n)} = I_{(o)}\ P^n$$

Si $I_{(n)} \to I^* \Longrightarrow P^n \to P^*$ et $I^* = I_{(o)}\ P^*$ d'où la question : dans quel cas I^* est-il indépendant de $I_{(o)}$

Théorème

La condition nécessaire et suffisante pour que I^* soit indépendant de $I_{(o)}$ est que : $P^n \xrightarrow[n\to\infty]{} P^*$ matrice stochastique dont toutes les lignes sont identiques à I^*

Ainsi pour l'exemple des débits de rivière on a :

$$P = \begin{pmatrix} 0,85 & 0,15 \\ 0,35 & 0,65 \end{pmatrix} \qquad P^3 = \begin{pmatrix} 0,737 & 0,263 \\ 0,613 & 0,387 \end{pmatrix}$$

$$P^5 = \begin{pmatrix} 0,709 & 0,291 \\ 0,678 & 0,322 \end{pmatrix} \qquad P^{11} = \begin{pmatrix} 0,700 & 0,300 \\ 0,700 & 0,300 \end{pmatrix}$$

et $I^* = (0,700,\ 0,300)$

Condition nécessaire

Si I^* ne dépend pas d'I_o on prend pour I_o successivement les vecteurs $[1,\ 0,\ 0,\ \ldots\ 0]$, $[0,\ 1,\ 0,\ 0,\ \ldots\ 0]$ et ainsi de suite jusqu'à $[0,\ 0,\ \ldots,\ 0,\ 1]$ et on constate que chacune des lignes de $P^n \to I^*$ si $I_{(n)} \to I^*$.

Condition suffisante

Si P^* a toutes ses lignes identiques, elles sont égales à

$$[\pi_1^*,\ \pi_2^*\ ,\ \ldots\ \pi_s^*] \quad \text{avec} \quad \sum_i \pi_i^* = 1$$

Or $I^* = I_o\ P^*$ donc le $K^{\text{ième}}$ terme de I^* sera égal à π_K^*.

Définitions

- Une chaîne de Markov est dite *régulière* si $I_{(n)} \to I^*$ indépendante de la loi initiale $I_{(o)}$.
- $I_{(n)}$ sera dite *stationnaire* si elle est indépendante de n (ce sera par exemple le cas si I^* existe en prenant

$$I_{(o)} = I^* \Longrightarrow I_{(n)} = I^*\ \forall n)$$

Donc pour une chaîne régulière la distribution de X_n est asymptotiquement stationnaire.

Nous allons approfondir ces propriétés asymptotiques des chaînes de Markov à partir d'une classification des états. D'autres approches sont possibles (calcul matriciel, théorie des graphes).

2.5. - CLASSIFICATION DES ETATS

Un état j est dit accessible depuis l'état i si $\exists$ entier $n \geqslant 0$ tel que $p_{ij}^{(n)} > 0$.

Deux états i et j accessibles l'un à l'autre sont dits *communicants* (notation : $i \leftrightarrow j$) c'est-à-dire il existe 2 entiers m et $n \geqslant 0$ tels que $p_{ij}^{(n)} > 0$ et $p_{ji}^{(m)} > 0$.

Ce concept de communication définit une relation d'équivalence sur l'ensemble des états. Car elle est

- réflexive $i \leftrightarrow i$ car par définition on pose

$$p_{ij}^{(o)} = \delta_{ij} = \begin{cases} 1 \text{ si } i = j \\ 0 \text{ si } i \neq j \end{cases}$$

- symétrique : par définition

- transitive $i \leftrightarrow j$ et $j \leftrightarrow K$

$$\Downarrow \qquad\qquad \Downarrow$$

$$\exists\, n : p_{ij}^{(n)} > 0 \qquad \exists\, m : p_{jk}^{(m)} > 0$$

$$\Longrightarrow p_{iK}^{(m+n)} = \sum_r p_{ir}^{(m)} \quad p_{rK}^{(n)} \geqslant p_{ij}^{(m)} \quad p_{jK}^{(n)} > 0$$

de même on a $p_{Ki}^{(m+n)} > 0 \Longrightarrow i \leftrightarrow K$

On peut alors partitionner l'ensemble des états en classes d'équivalence.

Il est donc possible étant dans une classe de la quitter pour une autre classe avec une probabilité positive mais pas d'y retourner.

Chaîne irréductible

La chaîne est *irréductible* si la relation d'équivalence induit seulement une classe (donc si tous les états communiquent les uns les autres).

Exemples

1)

$$P = \begin{array}{c|ccccc} & 0 & 1 & 2 & 3 & 4 \\ \hline 0 & \frac{1}{2} & \frac{1}{2} & 0 & 0 & 0 \\ 1 & \frac{1}{4} & \frac{3}{4} & 0 & 0 & 0 \\ 2 & 0 & 0 & 0 & 1 & 0 \\ 3 & 0 & 0 & \frac{1}{2} & 0 & \frac{1}{2} \\ 4 & 0 & 0 & 0 & 1 & 0 \end{array} \Longrightarrow 2 \text{ classes } \{0,1\},\ \{2,3,4\}$$

2) Dans le cas de la promenade aléatoire, avec barrières absorbantes en o et a, il y a trois classes : {o} , {1,2...,a-1}, et {a} .

3) La chaîne, dont la matrice de probabilité de transition, est la suivante :

$$\begin{array}{c|ccc} & 0 & 1 & 2 \\ \hline 0 & 0 & \frac{1}{2} & \frac{1}{2} \\ 0 & \frac{1}{3} & \frac{1}{3} & \frac{1}{3} \\ 2 & \frac{1}{4} & 0 & \frac{3}{4} \end{array}$$

a une seule classe : c'est une chaîne irréductible.

Etats périodiques

Définition : Un état i est dit de période d(i) si d(i) est le *plus grand commun diviseur de tous les entiers $n \geq 1$ pour lesquels $p_{ii}^{(n)} > 0$*

Exemples

1)

	0	1	2
0	0	1	0
1	0	0	1
2	1	0	0

chaque état a pour période 3

2)

	0	1	2	3
0	0	1	0	0
1	0	0	1	0
2	0	$\frac{1}{2}$	0	$\frac{1}{2}$
3	$\frac{1}{2}$	0	$\frac{1}{2}$	0

Graphe associé

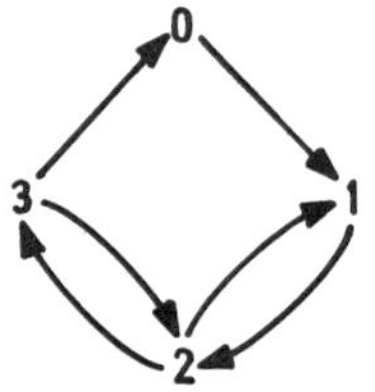

chaque état a pour période 2

Remarque

Si d(i) est la période de l'état i cela n'implique pas que $p_{ii}^{(d(i))} > 0$ par exemple dans le cas précédent on a $p_{00}^{(4)} > 0 \quad p_{00}^{(6)} > 0 \quad p_{00}^{(8)} > 0 \ldots$ et pourtant $p_{00}^{(2)} = 0$.

Mais il existe un entier S tel que pour tout s > S on ait $p_{ii}^{(sd(i))} > 0$.

Théorème

Si deux états i et j sont communicants , $i \leftrightarrow j$, ils ont la même période. La période est donc la même pour tous les états d'une même classe d'équivalence.

En effet :

Soit d(j) la période de l'état j et soit s tel que $p_{ii}^{(s)} > 0$ (s ≠ o car ↔ j). De même soient n et m tels que (n

$p_{ji}^{(n)} > 0$ et $p_{ij}^{(m)} > 0$.

On a $p_{jj}^{(n+m+s)} \geqslant p_{ji}^{(n)} \; p_{ii}^{(s)} \; p_{ij}^{(m)} > 0$

Or $p_{ii}^{(s)} > 0 \Longrightarrow p_{ii}^{(2s)} > 0 \Longrightarrow p_{jj}^{(n+2s+m)} > 0$

Or d(j) divise n + s + m et n + 2s + m $\Longrightarrow$ d(j) divise s.

d(j) divise donc tous les s tels que $p_{ii}^{(s)} > 0$ donc il divise d(i). On montrerait de même que d(i) divise d(j) $\Longrightarrow$ d(i) = d(j)

Définition

La chaîne est dite *apériodique* si la période est 1 pour tous les états de la chaîne.

Etats récurrents ou persistants ou se renouvellant. Etats transitoires

Soit i un état de la chaîne. Désignons par $f_{ii}^{(n)}$ la probabilité pour que partant de i on y revienne pour la première fois après n transitions.

$$f_{ii}^{(n)} = \Pr \{X_n = i, \; X_\nu \neq i \quad \nu = 1, 2, \ldots, n-1 / X_0 = i\}$$

par exemple : $f_{ii}^{(1)} = p_{ii}$

On a la relation

$$p_{ii}^{(n)} = \sum_{K=0}^{n} f_{ii}^{(K)} \; p_{ii}^{(n-K)} \qquad n \geqslant 1$$

avec la convention $f_{ii}^{(0)} = 0$

Introduisons les "fonctions génératrices" (attention $\{f_{ii}^{(n)}\}$ est une distribution de probabilité si i est récurrent mais jamais $\{p_{ii}^{(n)}\}$

$$P_{ii}(s) = \sum_{n=0}^{\infty} p_{ii}^{(n)} \; s^n$$

$$F_{ii}(s) = \sum_{n=0}^{\infty} f_{ii}^{(n)} \; s^n \qquad \text{définies pour } |s| < 1$$

La relation précédente devient alors (multiplier par s^n et sommer) $P_{ii}(s) - 1 = F_{ii}(s)\, P_{ii}(s)$

Soit

(2.2) $$\boxed{P_{ii}(s) = \frac{1}{1 - F_{ii}(s)}}$$

Définition

Un état i est dit récurrent ou persistant ou qui se renouvelle si partant de cet état on y revient presque sûrement, c'est-à-dire

$$\sum_{n=1}^{\infty} f_{ii}^{(n)} = 1.$$

La loi de probabilité de la variable aléatoire époque du premier retour à l'état i est non dégénérée.

Un état non récurrent est dit transitoire.

Dans ce cas $\sum_{n=1}^{\infty} f_{ii}^{(n)} < 1.$

Propriété caractéristique des états récurrents

Un état i est récurrent si et seulement si $\sum_{n=1}^{\infty} p_{ii}^{(n)} = \infty$

Ce résultat s'obtient intuitivement en faisant tendre s vers 1 dans la relation précédente (en effet

$p_{ii}(s) \to \sum_{n=1}^{\infty} p_{ii}^{(n)}$, $F_{ii}(s) \to \sum f_{ii}^{(n)} = 1$) et rigoureusement à partir des deux lemmes suivants d'Abel que nous ne démontrerons pas.

Lemme 1 : Si $\sum_{K=o}^{\infty} a_K < \infty \Longrightarrow \lim_{s\to 1^-} \sum_{k=o}^{\infty} a_K s^K = \sum_K a_K$

Lemme 2 : Si $a_K > o$ et $\lim_{s\to 1^-} \sum_{k=o}^{\infty} a_K s^K = a < \infty \Longrightarrow \sum_{k=o}^{\infty} a_k$

$$= \lim_{N\to\infty} \sum_{K=o}^{N} a_k = a$$

Donc pour un état transitoire i : $\sum_{n=1}^{\infty} p_{ii}^{(n)} < \infty$ ce qui implique en particulier que $\lim_{n\to\infty} P_{ii}^{(n)} = 0$ pour tout état transitoire i.

Corollaire

Si i et j communiquent , i ↔ j, et si i est récurrent alors j est récurrent. La récurrence ou le renouvellement est donc une propriété attachée à la classe d'équivalence. Dans une telle classe tous les états sont donc récurrents ou tous non récurrents.

En effet si i ↔ j il existe des entiers m et n tels que $P_{ij}^{(n)} > 0$ et $P_{ji}^{(n)} > 0$.

Soit s > o on a

$$\sum_{s=1}^{\infty} P_{jj}^{(m+n+s)} = \sum_s \sum_K P_{jK}^{(m)} P_{Kj}^{(n+s)} = \sum_s \sum_K P_{jK}^{(m)} \sum_{\ell} P_{k\ell}^{(n)} P_{\ell j}^{(s)}$$

d'où $\sum_s P_{jj}^{(m+n+s)} \geqslant \sum_s P_{ji}^{(m)} P_{ii}^{(s)} P_{ij}^{(n)} = P_{ji}^{(m)} P_{ij}^{(n)} \sum_s P_{ii}^{(s)}$

Donc si i est récurrent $\sum_s P_{ii}^{(s)} = \infty$ et il est de même pour $\sum_s P_{jj}^{(m+n+s)}$ donc j est récurrent.

Remarques concernant les états récurrents

- D'un état récurrent seuls des états récurrents peuvent être atteints : en effet soit j un état récurrent et K un état quelconque qui peut être atteint à partir de lui donc :

$$\exists n : p_{jK}^{(n)} = \alpha > 0$$

Un retour de K vers j doit avoir une probabilité positive, sinon la probabilité partant de j de ne pas y retourner serait au moins de 1 - α (passer par K) donc < 1 et j ne serait pas un état récurrent donc si j → K ⟹ j ↔ K donc K est récurrent.

La sous matrice de transition associée à une classe récurrente est donc une matrice stochastique.

- Un état récurrent est "visité" presque sûrement une infinité de fois plus précisément si

h_{ii} = prob. pour que partant de i on y retourne une infinité de fois on peut montrer que

$$h_{ii} = 1 \text{ si i est un état récurrent}$$
$$= 0 \text{ si i est un état transitoire}$$

On voit qu'un état transitoire peut "se renouveler" mais seulement un nombre fini de fois. Aussi pourra-t-on désigner, par opposition, les états récurrents par le terme d'états persistants.

Nous pouvons maintenant aborder les théorèmes asymptotiques concernant les chaînes de Markov.

2.6. - THEOREME LIMITE POUR LES CHAINES RECURRENTES APERIODIQUES

Soit une chaîne irréductible, récurrente, apériodique on a les propriétés suivantes

a) $$\lim_{n\to\infty} p_{ii}^{(n)} = \frac{1}{\mu_i}$$

où $\mu_i = \sum_{n=1}^{\infty} n\, f_{ii}^{(n)}$ = temps moyen de retour en i

b) $$\lim_{n\to\infty} p_{ji}^{(n)} = \frac{1}{\mu_i}$$

Reprenant l'exemple des débits de rivière

$$P = \begin{pmatrix} 0{,}85 & 0{,}15 \\ 0{,}35 & 0{,}65 \end{pmatrix} \text{ donc } P^n \to \begin{pmatrix} 0{,}700 & 0{,}300 \\ 0{,}700 & 0{,}300 \end{pmatrix}$$

ce qui signifie entre autre que quittant l'état F on y revient après en moyenne $\frac{1}{0{,}7}$ = 1,4 jours.

Remarques

Ainsi pour une telle chaîne sa matrice de transition tend vers une matrice limite dont toutes les lignes sont égales (cf. § 2.4).

La valeur commune de ces lignes est la solution, qui est donc unique du système $I^* = I^* P$ (avec la condition complémentaire que la somme des composantes de I^* est égale à l'unité); pour de telles chaînes on tend donc vers un régime d'équilibre indépendant de l'état initial.

- μ_i peut être ∞ (cf par exemple promenade aléatoire symétrique sur $(0, \infty)$) et $p_{ii}^{(n)} \to 0$: on parle en ce cas d'*état récurrent nul*. Ceci n'est d'ailleurs possible que pour une infinité dénombrable d'états dans la classe récurrente considérée (car la matrice correspondante à une classe récurrente est stochastique).

- La propriété d'état récurrent nul est aussi une propriété de classe; en effet si j et K sont deux états récurrents de la même classe $\Longrightarrow \exists n$ et m tels que $p_{Kj}^{(m)} = \beta > 0$ et $p_{jK}^{(n)} = \alpha > 0$

$$p_{jj}^{(n+m+s)} \geqslant p_{jK}^{(n)} \; p_{KK}^{(s)} \; p_{Kj}^{(m)} = \alpha \; \beta \; p_{KK}^{(s)}$$

$$p_{KK}^{(n+m+s)} \geqslant p_{Kj}^{(m)} \; p_{jj}^{(s)} \; p_{jK}^{(n)} = \alpha \; \beta \; p_{jj}^{(n)}$$

donc si $p_{jj}^{(s)} \to 0 \Longrightarrow p_{KK}^{(s)} \to 0$ et réciproquement.

On verra au paragraphe 2.11 une démonstration dans un cas particulier de (a). La démonstration générale résulte du théorème suivant :

Théorème

Si $F(s) = \sum_{n=0}^{\infty} f(n) s^n$ n'est pas un développement en s^t (t entier > 1 ; d'où la restriction "apériodique") et si $P(s) = \sum_{n=0}^{\infty} p^{(n)} s^n$ est relié à F(s) par la relation $P(s) = \frac{1}{1 - F(s)}$ on a, en désignant par $\mu = \sum_{n=1}^{\infty} n f(n)$,

$$p^{(n)} \xrightarrow[n \to \infty]{} \frac{1}{\mu}$$

l'application au théorème limite est alors immédiate en faisant la correspondance

$(p^{(n)}, f(n), p(s), \mu) \Longrightarrow (p_{ii}^{(n)}, f_{ii}^{(n)}, p_i^{(s)}, F(s), \mu_i)$

Démonstration de la partie b

$p_{ji}^{(n)} = \sum_{\nu=0}^{n} f_{ji}^{(\nu)} p_{ii}^{(n-\nu)}$ ou $f_{ji}^{(n)}$ désigne la probabilité pour que partant de j on arrive en i *pour la première fois* après ν transitions.

Ce qui peut aussi s'écrire

$$p_{ji}^{(n)} = \sum_{K=0}^{n} f_{ji}^{(n-K)} p_{ii}^{(K)}$$

De plus $\sum_{\nu=0}^{\infty} f_{ji}^{(\nu)} = 1$ car $i \leftrightarrow j$ (chaîne irréductible, récurrente).

D'où

$$p_{ji}^{(n)} - \frac{1}{\mu_i} = \sum_{k=0}^{n} f_{ji}^{(n-K)} \left(p_{ii}^{(K)} - \frac{1}{\mu_i}\right) - \frac{1}{\mu_i} \sum_{K=n+1}^{\infty} f_{ji}^{(K)}$$

$p_{ii}^{(n)} \to \frac{1}{\mu_i} \Longrightarrow$ pour ε fixé $\exists K(\varepsilon) : K > K(\varepsilon) \Longrightarrow \left|p_{ii}^{(K)} - \frac{1}{\mu_i}\right| < \varepsilon$

D'où

$$p_{ji}^{(n)} - \frac{1}{\mu_i} = \sum_{K=0}^{K(\varepsilon)} f_{ji}^{(n-K)} \left(p_{ii}^{(K)} - \frac{1}{\mu_i}\right) + \sum_{K=K(\varepsilon)+1}^{n} f_{ji}^{(n-K)} \left(p_{ii}^{(K)} - \frac{1}{\mu_i}\right)$$

$$- \frac{1}{\mu_i} \sum_{k=n+1}^{\infty} f_{ji}^{(K)}$$

Notons $M = \underset{K=0,1,2,\dots K(\varepsilon)}{\text{Max.}} \left|p_{ii}^{(K)} - \frac{1}{\mu_i}\right|$

d'où

$$\left|p_{ji}^{(n)} - \frac{1}{\mu_i}\right| \leqslant M \sum_{K=0}^{K(\varepsilon)} f_{ji}^{(n-K)} + \varepsilon \sum_{K=K(\varepsilon)+1}^{n} f_{ji}^{(n-K)} + \frac{1}{\mu_i} \sum_{K=n+1}^{\infty} f_{ji}^{(K)}$$

Or $\sum_{K=1}^{\infty} f_{ji}^{(n)} = 1$ donc : $\sum_{K=K(\varepsilon)+1}^{n} f_{ji}^{(n-K)} \leqslant 1$ et pour ε fixé

$$\exists\, N(\varepsilon) : n > N(\varepsilon) \Longrightarrow \sum_{k=n+1}^{\infty} f_{ji}^{(K)} < \varepsilon\, \mu_i$$

de même $\quad \exists\, N'(\varepsilon) : n > N'(\varepsilon) \quad \sum_{K=0}^{K(\varepsilon)} f_{ji}^{(n-K)} < \frac{\varepsilon}{M}$

Donc pour $n > \max(N(\varepsilon), N'(\varepsilon))$ on a

$$\left| p_{ji}^{(n)} - \frac{1}{\mu_i} \right| < 3\,\varepsilon \qquad \text{c.q.f.d.}$$

2.7. - THEOREME LIMITE POUR LES ETATS TRANSITOIRES

Si j est un état transitoire on a les propriétés suivantes

a) $\quad p_{jj}^{(n)} \to 0 \quad$ *car* $\sum_{n=1}^{\infty} p_{jj}^{(n)} < \infty$

b) si i est un état récurrent

$$p_{ij}^{(n)} = 0 \qquad \forall n$$

d'un état récurrent on ne peut atteindre des états transitoires (cf. § 2.6).

c) si K est un autre état transitoire

$$p_{Kj}^{(n)} \xrightarrow[n\to\infty]{} 0$$

En effet on peut faire la même démonstration que précédemment simplifiée parce que $\frac{1}{\mu_i} = 0$. D'autre part si $K \to j$ (sinon $\forall n : p_{Kj}^{(n)} = 0$) $\sum_{\nu=0}^{\infty} f_{Kj}^{(\nu)} < 1$ et on a donc les mêmes majorations.

En corollaire de ceci on peut noter que si la chaîne comporte un nombre fini d'états ils ne peuvent tous être transitoires (puisque $\sum_{i=1}^{N} p_{ij}^{(n)} = 1, \forall n$).

Donc une chaîne finie irréductible est nécessairement récurrente.

d) si i est un état récurrent, soit C_a la classe récurrente correspondante.

Notons $x_j(C_a)$ la probabilité, partant de j, d'être "absorbé" dans la classe C_a (d'une classe récurrente on ne peut sortir).

Alors

$$p_{ji}^{(n)} \xrightarrow[n\to\infty]{} \frac{x_j(C_a)}{\mu_i}$$

où $\mu_i = \sum_{n=1}^{\infty} n\, f_{ii}^{(n)}$ a déjà été défini au paragraphe 2.7.

En effet dans une classe récurrente la probabilité limite ne dépend pas de l'état initial, donc ici la limite ne dépend pas de l'état par lequel partant de j on est entré dans la classe C_a.

2.8. - RESULTATS COMPLEMENTAIRES POUR LES ETATS TRANSITOIRES

Calcul des probabilités d'absorption dans une classe récurrente (chaînes finies)

On se propose de calculer $x_j(C_a)$. Notons $x_j^{(n)}(C_a)$ la probabilité partant de j d'être absorbé dans la classe C_a après n transitions.

On a les relations suivantes

$$x_j^{(1)}(C_a) = \sum_{K\in C_a} p_{jK}$$

et $$x_j^{(n+1)}(C_a) = \sum_{\nu\in T} p_{j\nu}\, x_\nu^{(n)}(C_a)$$

où T est l'ensemble des états transitoires (qui peuvent former plusieurs classes).

Or $$x_j(C_a) = \sum_{n=1}^{\infty} x_j^{(n)}(C_a)$$

D'où $x_j(C_a)$ est solution du système linéaire

$$x_j(C_a) - \sum_{\nu \in T} p_{j\nu}\, x_\nu(C_a) = \sum_{K \in C_a} p_{jK}$$

Soit Q la restriction de la matrice P à l'ensemble T des états transitoires et soient les vecteurs

$$x(C_a) = \{x_j(C_a)\} \qquad j \in T$$

$$r(C_a) = \{\sum_{K \in C_a} p_{jK}\} \quad j \in T$$

Le système précédent s'écrit alors

$$[I - Q]\, x(C_a) = r(C_a).$$

D'où

(2.3) $$\boxed{x(C_a) = (I - Q)^{-1}\, r(C_a)}$$

Remarquons que I - Q est nécessairement inversible puisque Q est une matrice sous stochastique (c'est-à-dire que $\sum_{j \in T} P_{ij} \leqslant 1$ $\forall\, i \in T$ et $\exists$ au moins un indice K pour lequel $\sum_{j \in T} p_{Kj} < 1$) donc la série $I + Q + Q^2 + \ldots.$ est convergente et égale à $(I - Q)^{-1}$.

<u>Moyenne et variance du temps total de séjour dans chaque état transitoire</u>

Partant d'un état transitoire i le système va évoluer à l'intérieur des états transitoires avant d'être absorbé dans une classe récurrente. Il séjournera donc un certain nombre de fois dans l'état j ($j \in T$) et désignons par n_{ij} la variable aléatoire temps total de séjour en j, partant de i. L'absorption dans une classe récurrente étant une certitude, n_{ij} est une variable aléatoire non dégénérée.

Si $r_{ij}^{(K)} = Pr(n_{ij} = K)$ on obtient en considérant la première transition

$$r_{ij}^{(K)} = \sum_{s \in T} P_{is}\, r_{sj}^{(K)} \qquad i \neq j \quad K = 0, 1, \ldots$$

$$r_{jj}^{(o)} = 0 \quad r_{jj}^{(1)} = \sum_{s \in \mathscr{C}} p_{js} + \sum_{s \in T} p_{js}\, r_{sj}^{(o)}$$

$$r_{jj}^{(K)} = \sum_{s \in T} p_{js}\, r_{sj}^{(K-1)} \quad \text{pour } K > 1$$

où $\mathscr{C}$ représente l'ensemble des états récurrents.

D'où si $m_{ij} = E\{n_{ij}\}$ on a

$$m_{ij} = \delta_{ij} + \sum_{K \in T} p_{iK}\, m_{Kj} \quad \text{avec } \delta_{ij} = \begin{cases} 0 \text{ si } i \neq j \\ 1 \text{ si } i = j \end{cases}$$

Notons M la matrice des espérances mathématiques

$M = \{m_{ij}\}$ d'où

$M = I + Q\,M$ soit

(2.4) $$\boxed{M = (I - Q)^{-1}}$$

Calculons de même le moment du second ordre. En effet, à partir des relations de récurrence précédentes, on a, si S désigne la matrice des moments du second ordre, soit $S = \{E(n_{ij}^2)\}$, la relation :

$$S = I + Q\,S + 2(Q\,M)_{diag}$$

où si $A = \{a_{ij}\}$ on note $(A)_{diag} = \{a_{ij}\,\delta_{ij}\}$.

Or $M = I + Q + Q^2 + \ldots.$

D'où $S = M(2(M)_{diag} - I)$

De façon générale si $g_{ij}(z)$ est la fonction génératrice de la variable aléatoire n_{ij} et si $G(z) = \{g_{ij}(z)\}$ on a

$$G(z) = A(z)\,[I - z\,Q]^{-1}$$

où $A(z) = \{a_{ij}(z)\}$ avec $a_{ij}(z) = \left(\sum_{K \in T} P_{ik}\right)\left(1 + z\,\delta_{ij} - \delta_{ij}\right)$

En suivant le même raisonnement on pourrait obtenir directement les moments de la variable aléatoire : temps total de séjour dans l'ensemble transitoire T (ce qui est donc le temps jusqu'à l'absorption dans une classe récurrente).

Le temps total de séjour dans T à partir de l'état initial i est $n_i = \sum_{j \in T} n_{ij}$. Mais cette relation de définition ne permet de calculer que $E(n_i)$ à partir de $E(n_{ij})$, puisque les variables aléatoires n_{ij} et n_{iK} ne sont pas indépendantes.

Exemple :

Soit la chaîne

	0	1	2	3	4	5
0	$\frac{1}{4}$	$\frac{3}{4}$	0	0	0	0
1	$\frac{1}{3}$	$\frac{2}{3}$	0	0	0	0
2	0	0	$\frac{1}{5}$	$\frac{4}{5}$	0	0
3	0	0	$\frac{3}{5}$	$\frac{2}{5}$	0	0
4	$\frac{1}{8}$	$\frac{1}{8}$	$\frac{2}{8}$	$\frac{2}{8}$	$\frac{1}{8}$	$\frac{1}{8}$
5	$\frac{1}{10}$	$\frac{2}{10}$	$\frac{2}{10}$	$\frac{3}{10}$	$\frac{1}{10}$	$\frac{1}{10}$

Il y a deux classes récurrentes $C_1 = \{0, 1\}$ et $C_2 = \{2, 3\}$ et une classe transitoire $T = \{4, 5\}$

$$\text{D'où} \qquad Q = \begin{pmatrix} \frac{1}{8} & \frac{1}{8} \\ \frac{1}{10} & \frac{1}{10} \end{pmatrix} \Longrightarrow (I - Q)^{-1} = \begin{matrix} \\ 4 \\ 5 \end{matrix} \begin{matrix} 4 \quad\quad 5 \\ \begin{pmatrix} \frac{36}{31} & \frac{5}{31} \\ \frac{4}{31} & \frac{35}{31} \end{pmatrix} \end{matrix} = M$$

$$r(C_1) = \left(\frac{2}{8} \;,\; \frac{3}{10}\right) \qquad \text{d'où} \quad x(C_1) = \left(\frac{21}{62} \;,\; \frac{23}{62}\right) .$$

Ainsi partant de l'état 4 le temps moyen de séjour total (après plusieurs passages éventuels) en 4 avant l'absorption (en C_1 ou C_2) est $\frac{36}{31}$ (naturellement supérieur à 1 puisqu'on part de 4) mais en partant de 5 ce temps moyen n'est plus que $\frac{4}{31}$ ...

Par application des formules on a

$$S = \begin{pmatrix} \frac{36\times 41}{(31)^2} & \frac{195}{(31)^2} \\ \frac{164}{(31)^2} & \frac{35\times 4}{(31)^2} \end{pmatrix}$$

d'où la matrice des écarts types des temps de séjour

$$\begin{array}{c} \\ 4 \\ 5 \end{array}\begin{array}{c} \begin{array}{cc} 4 & 5 \end{array} \\ \begin{pmatrix} \frac{6\sqrt{5}}{31} & \frac{\sqrt{170}}{31} \\ \frac{2\sqrt{37}}{31} & \frac{2\sqrt{35}}{31} \end{pmatrix} \end{array}$$

<u>Critère de transitivité pour une chaîne irréductible à infinité d'états</u>

On sait que pour une telle chaîne tous les états peuvent être transitoires.

Théorème

Une chaîne irréductible, apériodique est transitoire si et seulement si le système

$$\sum_{K=1}^{\infty} p_{jK}\, y_K = y_j \quad j \neq 0$$ *a une solution bornée non nulle ou encore ce qui est équivalent par translation que le système*

$$\sum_{K=0}^{\infty} p_{jK}\, y_K = y_j \quad j \neq 0$$ *a une solution bornée à composantes non toutes égales. (en notant 0, 1, 2, ... les différents états du système).*

En effet si j et K sont deux états d'une telle chaîne, f_{jK} qui est la probabilité que partant de j on atteigne K est telle que $f_{JK} < 1$ (sinon partant de j on serait sûr d'y revenir et tous les états seraient récurrents).

On a : $$f_{jo} = p_{jo} + \sum_{K=1}^{\infty} p_{jK}\, f_{Ko} \qquad j = 1, 2, \ldots$$

$g_j = 1 - f_{jo}$ est la probabilité que partant de j on n'atteigne jamais j.

D'après la relation précédente, on a :

$$g_j = \sum_{K=1}^{\infty} p_{JK}\, g_K \qquad j = 1, 2, \ldots$$

$f_{jo} < 1 \Longrightarrow g_j > 0$ donc $y_j = g_j$ est bien une solution bornée non nulle du système.

Réciproquement : si le système linéaire a une solution bornée non nulle, on peut toujours supposer que $|y_j| \leqslant 1 \quad j = 1, 2, \ldots$

Si p_o est la matrice obtenue à partir de p en supprimant la ligne et la colonne de l'état 0 le système linéaire du théorème s'écrit

$$p_o\, y = y \quad \text{d'où} \quad p_o^{(n)}\, y = y$$

Notons que $p_o^n = \{{}_o p_{jK}^{(n)}\}$ où ${}_o p_{JK}^{(n)}$ est la probabilité de passer de j à K en n étapes sans passer par l'état 0.

Puisque $|y_j| \leqslant 1$ et que $y_j = \sum_{K=1}^{\infty} {}_o p_{JK}^{(n)}\, y_K$ on en déduit que

$$|y_j| \leqslant \sum_{K=1}^{\infty} {}_o p_{jK}^{(n)} = g_j^{(n)}$$ qui est la probabilité que partant de j on ne passe pas par l'état 0 au cours des n premières transitions.

Donc $1 - f_{jo} = g_j = \lim_{n\to\infty} g_j^{(n)} \geqslant |y_j| > 0$ pour au moins un j par hypothèse : ce qui entraîne que $f_{jo} < 1$ donc que j est un état transitoire et qu'il en est ainsi pour tous les états puisque la chaîne est irréductible.

Exemple

En appliquant ce critère à la promenade aléatoire à barrières absorbantes où $b \to \infty$ on vérifie que la chaîne est transitoire si $q < p$, le système linéaire ayant alors la solution

$$y_j = y_1 \sum_{K=1}^{j-1} \left(\frac{q}{p}\right)^{K-1}$$,et qu'il est donc récurrent

si $q \geqslant p$.

2.9. - THEOREME LIMITE POUR LES ETATS PERIODIQUES RECURRENTS

Notons tout d'abord qu'il peut exister des états périodiques transitoires si la classe périodique n'est pas fermée; ainsi pour la classe {2, 3} de la chaîne de Markov dont la matrice des probabilités de transition serait :

	1	2	3
1	1	0	0
2	a	0	1-a
3	0	1	0

Les états 2 et 3 ont une période égale à 2.

En dehors de tels cas, où le comportement asymptotique est celui des états transitoires, il s'agit d'états récurrents particuliers.

On a vu que la période est la même pour tous les états d'une même classe d'équivalence. Soit d cette période. On peut partitionner la chaîne en d groupes D_1, D_2, ... D_d tels que, si on est dans le groupe D_λ à l'instant n, on sera nécessairement dans le groupe $D_{\lambda+1}$ à l'instant n + 1.

Exemple :

P =

	1	2	3	4
1	0	$\frac{1}{2}$	$\frac{1}{2}$	0
2	$\frac{1}{3}$	0	0	$\frac{2}{3}$
3	$\frac{1}{4}$	0	0	$\frac{3}{4}$
4	0	$\frac{1}{5}$	$\frac{4}{5}$	0

$d = 2 \qquad D_1 = \{1, 4\} \qquad D_2 = \{2, 3\}$

Aux instants d + t, 2d + t, 3d + t, ... nd + t $(t < d)$ on sera toujours dans le même groupe pour lequel les probabilités de transition s'obtiennent à partir de P^d.

Exemple :

$$P^2 = \begin{array}{c|cccc} & 1 & 2 & 3 & 4 \\ \hline 1 & \frac{7}{24} & 0 & 0 & \frac{17}{24} \\ 2 & 0 & \frac{3}{10} & \frac{7}{10} & 0 \\ 3 & 0 & \frac{11}{40} & \frac{29}{40} & 0 \\ 4 & \frac{4}{15} & 0 & 0 & \frac{11}{15} \end{array}$$

D'où les matrices correspondantes à

$$D_1 : \quad \begin{array}{c} \\ 1 \\ 4 \end{array} \begin{array}{c} \begin{array}{cc} 1 & 4 \end{array} \\ \begin{pmatrix} \frac{7}{24} & \frac{17}{24} \\ \frac{4}{15} & \frac{11}{15} \end{pmatrix} \end{array} \underset{n \to \infty}{\Longrightarrow} \begin{pmatrix} \frac{32}{93} & \frac{61}{93} \\ \frac{32}{93} & \frac{61}{93} \end{pmatrix}$$

$$D_2 : \quad \begin{array}{c} \\ 2 \\ 3 \end{array} \begin{array}{c} \begin{array}{cc} 2 & 3 \end{array} \\ \begin{pmatrix} \frac{3}{10} & \frac{7}{10} \\ \frac{11}{40} & \frac{29}{40} \end{pmatrix} \end{array} \underset{n \to \infty}{\Longrightarrow} \begin{pmatrix} \frac{11}{39} & \frac{28}{39} \\ \frac{11}{39} & \frac{28}{39} \end{pmatrix}$$

D'ailleurs en ordonnant différemment les états on a :

$$
P^2 = \begin{array}{c|cc:cc}
 & 1 & 4 & 2 & 3 \\
\hline
1 & \frac{7}{24} & \frac{17}{24} & 0 & 0 \\
4 & \frac{4}{15} & \frac{11}{15} & 0 & 0 \\
\hdashline
2 & 0 & 0 & \frac{3}{10} & \frac{7}{10} \\
3 & 0 & 0 & \frac{11}{40} & \frac{29}{40}
\end{array}
$$

Cette structure "bloc diagonale" se retrouve toujours pour P^d en ordonnant successivement suivant D_1, D_2, ... D_d.

On a alors d chaînes récurrentes irréductibles à l'intérieur desquelles les $p_{ii}^{(n)}$ tendent vers une limite, qui est l'inverse du temps moyen de retour en i, avec une échelle de temps d fois plus petite que l'échelle initiale.

D'où le résultat :

si $j \in D_\lambda$

$$
\lim_{n\to\infty} p_{jK}^{(nd+t)} = \begin{cases} \dfrac{d}{\mu_K} & \text{si } K \in D_{[\lambda+t]} \pmod d \\ 0 & \text{sinon} \end{cases}
$$

où μ_K est le temps moyen d'attente pour le retour en K.

Application au cas précédent

$$d = 2 \qquad j = 1 \in D_1 \ (\lambda = 1) \qquad K = 1 \in D_1$$

si $t = 0$ $\lambda + t = 1$ $\quad \lim p_{11}^{(2n)} = \dfrac{32}{93} = \dfrac{2}{\frac{93}{16}}$ $\left(\mu_1 = \dfrac{93}{16}\right)$

mais si $K = 3 \in D_2$ $\quad \lim p_{13}^{(2n)} = 0$

par contre $\lim p_{13}^{(2n+1)} = \dfrac{28}{39} = \dfrac{2}{\frac{39}{14}}$ $\left(\mu_3 = \dfrac{39}{14}\right)$

2.10. - CAS D'UNE CHAINE FINIE QUELCONQUE

Si la chaîne n'est pas irréductible on la décomposera d'abord en ses classes récurrentes plus éventuellement un ensemble T d'états transitoires (qui peut former une ou plusieurs classes). Si C_1, C_2, ... C_K sont les K classes récurrentes la chaîne peut alors s'écrire en réordonnant les états.

$$
P = \begin{array}{c|cccc|c}
 & C_1 & C_2 & \cdots & C_K & T \\
\hline
C_1 & P_1 & 0 & & 0 & 0 \\
C_2 & 0 & P_2 & & 0 & \\
\cdot & & & 0 & & \\
\cdot & & 0 & & & \\
C_K & & & & P_K & \\
\hline
T & A_1 & A_2 & & A_K & D
\end{array}
$$

où P_1 P_2 ... P_K sont des matrices stochastiques mais pas D (donc les valeurs propres de D sont inférieures à l'unité).
Si les K chaînes récurrentes sont apériodiques P a la valeur propre 1 avec l'ordre de multiplicité K.

Si une de ces chaînes a pour période d alors 1 sera valeur propre avec l'ordre de multiplicité K mais il y aura en plus les (d-1) racines de l'unité autres que 1 comme valeurs propres.

Pour trouver la limite de P^n on calculera les limites de P_1^n, P_2^n ... et pour chacun des états transitoires la probabilité d'être absorbé en C_1, C_2, ... C_K selon le paragraphe 2.8.

D'autre part $D^n \to o$. De plus on montre (§ 2.11 pour les chaînes finies) que la vitesse de convergence vers l'état d'équilibre est géométrique et dépend pour chaque classe récurrente apériodique de la valeur propre différente de 1 et de plus grand module.

On peut résumer ce qui précède par l'organigramme suivant.

ORGANIGRAMME DE CLASSIFICATION

$\sum p_{ii}^{(n)} = +\infty$?
ou
$\sum f_{ii}^{(n)} = 1$?

partant de i on y revient presque sûrement

non → i est un état transitoire
$p_{ii}^{(n)} \xrightarrow[n \to \infty]{} 0$

oui → i est un état récurrent

$\exists$ un p g c d $d(i) \neq 1$ de tous les n tels que
$p_{ii}^{(n)} > 0$

non → i est un état récurrent apériodique

oui → i est un état périodique récurrent de période $d(i)$
Tous les états communicants avec i ont la même période

$\mu_i = \sum_{n=1}^{\infty} n f_{ii}^{(n)} =$
temps moyen pour le retour à l'état i :
$\mu_i < \infty$?

oui → i est un état récurrent positif ou encore ergodique
$p_{ii}^{(n)} \to \dfrac{1}{\mu_i}$
Tous les états communicants avec i sont ergodiques.

non → i est un état récurrent nul
$p_{ii}^{(n)} \to 0$
Tous les états communicants avec i sont récurrents nuls.

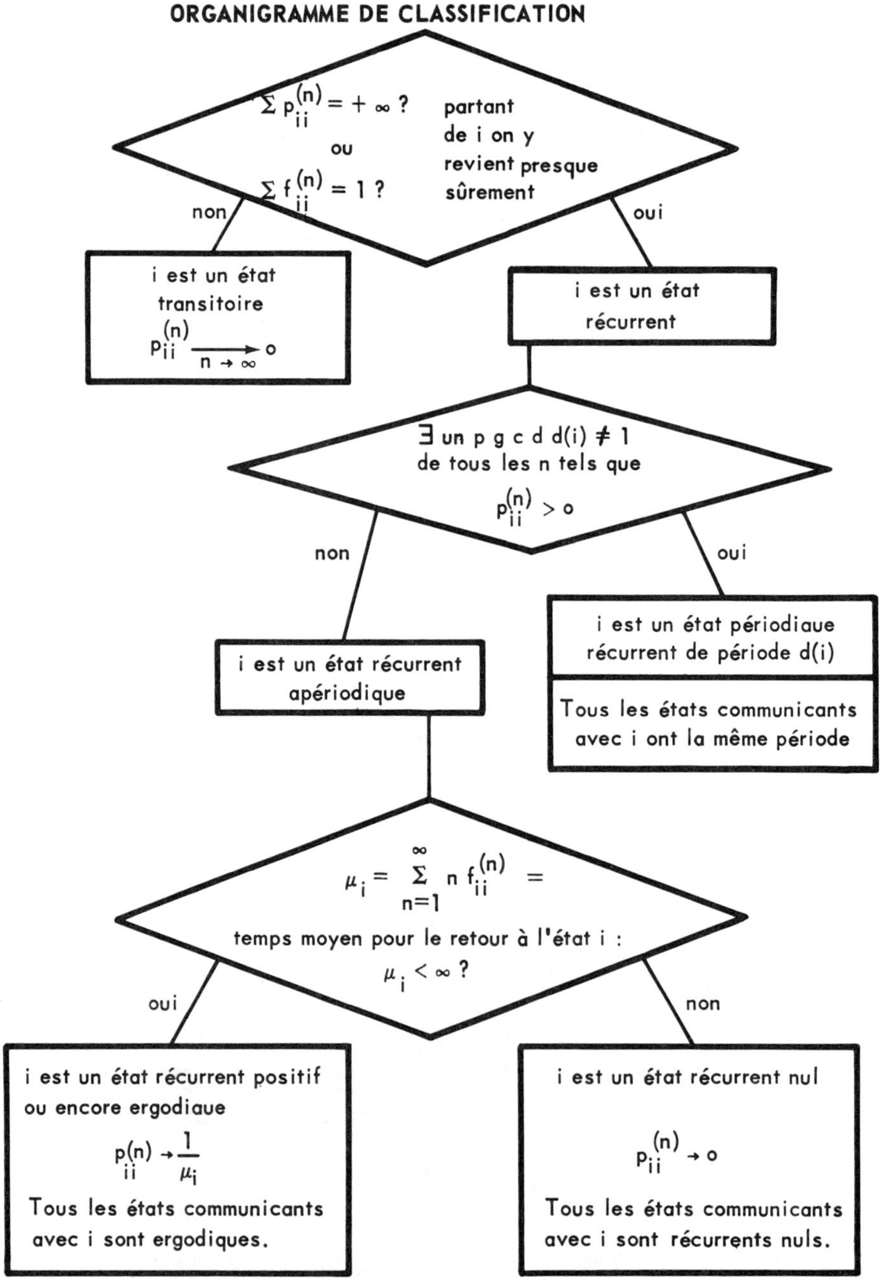

2.11. - ETUDE COMPLETE D'UNE CHAINE RECURRENTE ET IRREDUCTIBLE A NOMBRE FINI D'ETATS

Démonstration directe de la convergence de $p_{ii}^{(n)}$ vers $\frac{1}{\mu_i}$

Prenons une chaîne finie irréductible, récurrente, apériodique. Plus précisément supposons d'abord que $\forall i,j$: $p_{ij} \geqslant \varepsilon$ ce qui entraîne les propriétés précédentes.

On a

$$p_{ij}^{(n+1)} = \sum_{K=1}^{N} p_{iK}\, p_{Kj}^{(n)}$$

N étant le nombre total d'états $p_{ij}^{(n+1)}$ est donc le barycentre de $p_{Kj}^{(n)}$ affectés du poids p_{iK} $K = 1, 2, \dots N$

Comme $p_{iK} \geqslant \varepsilon > 0 \Longrightarrow \forall i$ les $p_{ij}^{(n+1)}$ sont contenus strictement dans l'intervalle contenant les $p_{Kj}^{(n)}$ $K = 1, \dots N$

Donc pour les matrices P^n successives l'écart entre les termes de la $j^{ième}$ colonne décroît strictement. Plus précisément notons

$o \leqslant y_1 \leqslant \dots \leqslant y_N \leqslant 1$ les termes ordonnés de la $j^{ième}$ colonne de P^n et

$o \leqslant z_1 \leqslant \dots \leqslant z_N \leqslant 1$ ceux de la $j^{ième}$ colonne de P^{n+1} $\forall K$ on a

$$z_K = y_1\, C_{K,1} + y_2\, C_{K,2} + \dots + y_N\, C_{K,N}$$

où les $C_{K,i}$ sont des p_{ij} mais dont l'indice correspond à l'ordre sur les y.

$$z_K - y_1 = (y_1 - y_1)\, C_{K,1} + \dots + (y_N - y_1)\, C_{K,N}$$

car $\sum_i C_{K,i} = 1$

Appelons λ_n l'écart maximum entre les termes de la $j^{ième}$ colonne de $P_n \Longrightarrow \lambda_n = y_N - y_1$

$$\Longrightarrow \forall K : z_K - y_1 \geqslant \varepsilon\, \lambda_n$$

de même $\forall i \quad y_N - z_i \geqslant \varepsilon\, \lambda_n$

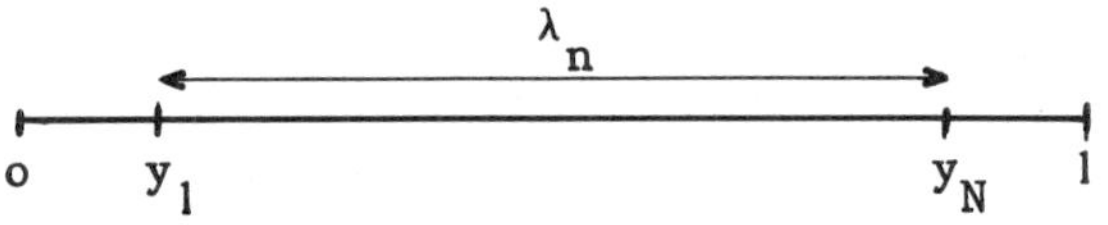

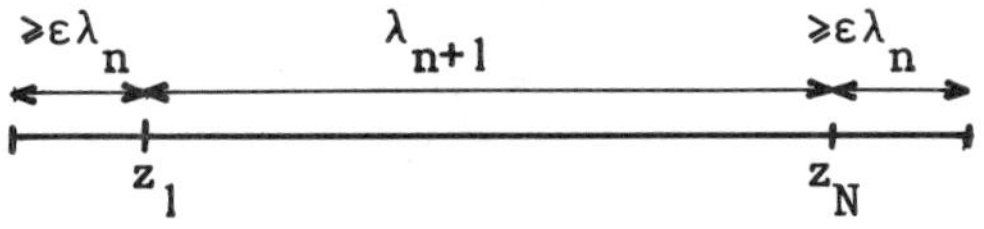

$$\Longrightarrow \lambda_{n+1} \leqslant \lambda_n\, (1 - 2\,\varepsilon)$$

et $\qquad \lambda_1 \leqslant 1 - 2\,\varepsilon \qquad$ (chaque $p_{ij} \geqslant \varepsilon$)

$$\Longrightarrow \lambda_n \leqslant (1 - 2\,\varepsilon)^n$$

La suite des intervalles ainsi définis est donc strictement emboîtée et les λ_n tendent exponentiellement vers 0.

donc $p_{ij}^{(n)} \to a_j > 0$ indépendant de i. On démontrera, plus loin, que a_j peut s'interpréter comme $\frac{1}{\mu_j}$.

D'autre part $\forall i, j \; |p_{ij}^{(n)} - a_j| \leqslant (1 - 2\,\varepsilon)^n$

Si l'hypothèse $p_{ij} \geqslant \varepsilon > 0 \;\; \forall_{i,j}$ ne peut être faite on sait que puisque la chaîne est irréductible tous les états communiquent donc $\exists\, b_{ij} > 0$ tel que $p_{ij}^{(bij)} > 0$.

Soit ℓ le plus petit commun multiple de tous les b_{ij} pour tous les couples(i,j)alors : $\exists\, \varepsilon'$: $p_{ij}^{(\ell)} \geqslant \varepsilon' > 0$.

Opérant comme précédemment on montre que la suite des $\lambda_{K\ell}$ est une sous suite convergeant vers zéro de la suite monotone non décroissante des λ_n qui converge donc vers zéro, d'où

$$p_{ij}^{(n)} \to a_j.$$

On a une majoration , utile pour la suite, de l'écart entre $p_{ij}^{(n)}$ et a_j qui est du même type que celle qui précède.

Montrons en effet que $|p_{ij}^{(n)} - a_j| < b\ \theta^n$

avec $\theta = (1 - 2\ \varepsilon')^{\frac{1}{\ell}}$ et $b = (1 - 2\ \varepsilon')^{-1}$.

En effet $|p_{ij}^{(n)} - a_j| \leqslant \lambda_n$ donc si $n = K\ell$ on a $\lambda_{K\ell} = (1 - 2\ \varepsilon')^K$ $\leqslant b\theta^{K\ell}$ d'après la première partie de la démonstration et si $n = K\ell + n_1$, on obtient à cause de la non croissance des λ_n

$|p_{ij}^{(n)} - a_j| \leqslant \lambda_n \leqslant \lambda_{K\ell} = (1 - 2\ \varepsilon')^K \leqslant b\ \theta^n$

Propriété ergodique des chaînes de Markov

Nous allons démontrer une propriété très importante pour les applications et en particulier utile pour l'estimation des paramètres d'une chaîne de Markov.

Nous supposerons la distribution initiale égale au régime d'équilibre c'est-à-dire que nous sommes en régime stationnaire donc $Pr\ \{X_n = i\} = \Pi_i = a_i$. Lorsque cette hypothèse n'est pas vérifiée les résultats énoncés restent vrais asymptotiquement.

Soit Y_n la variable aléatoire indicatrice de l'état i à l'instant n, c'est-à-dire $Y_n = 1$ si $X_n = i$

$= 0$ si $X_n \neq i$. On a $E(Y_n) = a_i = \Pi_i$

Moyenne statistique ou moyenne "spatiale"

Observons m trajectoires *indépendantes :* c'est-à-dire que l'expérience consistant en l'observation d'une chronique a été répétée m fois avec pour chacune d'elles un état initial tiré selon la loi $\{\Pi_i\}$;

alors $\forall\ n : z_i^m(n) = \dfrac{\text{nombre de trajectoires pour lesquelles } X_n = i}{m}$

$$\xrightarrow[m \to \infty]{p} Pr\ \{X_n = i\} = \Pi_i$$

ceci d'après la loi faible des grands nombres pour les variables aléatoires indépendantes.

Moyenne temporelle

On observe une seule trajectoire et soit la moyenne temporellle

$$s_i^n = \frac{Y_1 + \ldots\ldots\ldots + Y_n}{n}$$ (fréquence du nombre de passages par l'état i).

On ne peut appliquer directement la loi des grands nombres car les variables aléatoires Y_i ne sont pas indépendantes.

On va néanmoins démontrer que $s_i^n \xrightarrow[n\to\infty]{p} \Pi_i$ d'où une égalité en probabilité asymptotiquement entre les moyennes temporelle et spatiale , ou encore ceci *démontre ainsi la loi des grands nombres pour les chaînes régulières*. Ce résultat est assez général pour les chaînes de Markov et peut se démontrer sous des hypothèses moins restrictives avec des outils plus sophistiqués (cf. par exemple [13]).

Soient K et h deux instants quelconques

On a $$E(Y_h) = E(Y_K) = \Pi_i ; \quad E(Y_K^2) = E(Y_h^2) = \Pi_i$$

$$E(Y_K \, Y_{K+h}) = \Pi_i \, P_{ii}^{(h)}$$

$$\Longrightarrow E(s_i^n) = \Pi_i$$

$$E\left[(s_i^n)^2\right] = \frac{1}{n^2}\left[E\,(\sum_K Y_K^2) + 2\,E \sum_{K\neq h} (Y_K\, Y_h)\right]$$

$$= \frac{1}{n^2}\, n\, a_i + \frac{2a_i}{n^2}\left[(n-1)\,P_{ii}^{(1)} + (n-2)\,P_{ii}^{(2)} + \ldots + P_{ii}^{(n-1)}\right]$$

Or $$|P_{ii}^{(n)} - a_i| \leqslant b\,\theta^n$$

$$E\left[(s_i^n)^2\right] \leqslant \frac{a_i}{n} + \frac{2\,a_i}{n^2}\left[(n-1)\,(a_i + b\theta) + (n-2)\,(a_i + b\theta^2)\right.$$

$$\left. + \ldots + (a_i + b\,\theta^{n-1})\right]$$

$$\text{Var} \quad (s_i^n) = E(s_i^n)^2 - a_i^2$$

$$\leq \frac{a_i}{n}\left[1 - a_i + \frac{2b\theta}{1-\theta}\right]$$

ce qui avec l'inégalité de Bienaymé Tchebycheff montre que

$$s_i^n \xrightarrow{p} a_i = \Pi_i$$

<u>Interprétation de a_i</u>

Soient $t_1, t_2, \ldots t_n$ les instants où le système est en i : $X_{t_K} = i$

Soit z_{ii} la variable aléatoire temps jusqu'au premier retour en i:$(t_2 - t_1), \ldots (t_n - t_{n-1})$ sont des réalisations indépendantes de z_{ii}

$$\text{donc} \quad \frac{(t_2 - t_1) + \ldots + (t_n - t_{n-1})}{n - 1} = \frac{t_n - t_1}{n - 1} \xrightarrow{p} \mu_i = E(Z_{ii})$$

$$\text{Or} \quad \frac{t_1}{n} \to 0 \quad \text{donc} \quad \frac{t_n}{n-1} \xrightarrow{p} \mu_i \quad \text{et} \quad \frac{n}{t_n} = s_i^n \xrightarrow{p} a_i$$

donc $a_i = \dfrac{1}{\mu_i}$ où μ_i est le temps moyen de retour en i.

2.12. - EXERCICES

2.A Soit une chaîne de Markov à cinq états (1, 2, 3, 4, 5) dont la matrice de probabilité de transition est la suivante :

	1	2	3	4	5
1	0,5	0,5	0	0	0
2	0,25	0,75	0	0	0
3	0	0	0	1	0
4	0	0	1	0	0
5	0,1	0	0,1	0,1	0,7

a) Répartir les états en classes. Préciser la nature de chaque classe. Tracer le graphe des états.

b) Faire l'étude asymptotique de la chaîne.

c) La loi initiale est (0,2 0,1 0,1 0,1 0,5)

- Quelle est la loi de probabilité de la durée de séjour dans l'état 5 ?
- Quelles sont les probabilités qu'a le système d'atteindre chacune des classes finales ?
- Sachant que le système atteint finalement la classe contenant l'état 1, quelle est la loi de probabilité de la durée d'atteinte ?

2.B. Le résultat d'une inspection quotidienne sur un appareil est de le classer dans l'un des trois états. A : satisfaisant, B : non satisfaisant, C : en panne. La suite des états peut être représentée par une chaîne de Markov dont la matrice des probabilités de transition que l'on commentera est la suivante :

	A	B	C
A	P_{AA}	P_{AB}	P_{AC}
B	0	P_{BB}	P_{BC}
C	0	0	1

On modifie ce qui précède avec la propriété suivante : une fois que l'appareil est classé B il sera encore classé B le jour suivant puis tombera en panne. A-t-on encore une chaîne de Markov ? Comment définir les états pour obtenir à nouveau une chaîne de Markov ?

2.C. Soit une chaîne de Markov homogène dont les probabilités de transition sont notées $\{p_{ij}\}$ et l'ensemble des états $\{0, 1, 2, \dots\}$. X_n est l'état à l'instant n et l_o la distribution de probabilité à l'instant 0.

1) Calculer $Pr\{X_0 = i \mid X_1 = j\}$ et $Pr\{X_0 = i \mid X_2 = k\}$

2) Calculer $Pr\{X_0 = i \mid X_1 = j \text{ et } X_2 = k\}$.

3) Généraliser le résultat obtenu. La suite inversée X_n, X_{n-1}, X_{n-2} est-elle de Markov ? Est-elle homogène ?
4) Si la chaîne initiale est irréductible et récurrente, que peut-on dire de la limite pour $n \to \infty$ de $\Pr\{X_o = i \mid X_n = j\}$
5) Si, à l'hypothèse de la question 5, on ajoute que I_o est identique à la distribution d'équilibre, comment est modifiée la réponse à la question 3.

2.D. Soit une chaîne de Markov irréductible et soit H un sous-ensemble d'états de la chaîne. On note :

$$H_{jk}^{p(n)} = \Pr\{X_n = k, X_m \notin H, m = 1,2, \dots n-1 \mid X_o = j\}$$

(X_n est l'état de la chaîne à l'instant n)

1) Interpréter $K_{jk}^{p(n)}$ et $i_{ii}^{p(n)}$

2) Montrer que si $j \notin H$ et $k \notin H$ on a

$$\lim_{n\to\infty} H_{jk}^{p(n)} = 0$$

2.E. Trois tireurs A, B, C sont engagés dans un duel à mort. Le combat se déroule selon une succession d'épreuves jusqu'à disparition d'au-moins deux des concurrents. A chaque épreuve les probabilités d'atteindre leur «cible» sont respectivement $\frac{2}{3}$ pour A, $\frac{1}{2}$ pour B et $\frac{1}{3}$ pour C. Les coups sont tirés simultanément et une fois qu'un concurrent est atteint il est éliminé. A chaque épreuve chaque tireur encore en vie cherche à viser son concurrent le plus dangereux.
On prend comme état du système à chaque épreuve l'ensemble des tireurs encore en vie.

1) Montrer que si l'état initial est (A, B, C) l'état (A, B) n'est pas un état possible.
2) Montrer alors que sur l'ensemble des sept autres états possibles on peut représenter l'évolution de la situation par une chaîne de Markov homogène dont on donnera - en la justifiant - la matrice P des probabilités de transition.
3) Quels sont les états récurrents du système ? Quelle est leur nature ?
4) Pour chacun des états transitoires donner les probabilités d'absorption dans les états récurrents. En déduire la limite de P^n lorsque $n \to \infty$.
Comparer les chances de sortir vainqueur de chacun des concurrents avec leur probabilité d'atteindre la cible à chaque étape.
5) Soit E_i^j le temps moyen de séjour dans l'état j si l'état initial est i.
Calculer la matrice $\{E_i^j\}$ pour i, j appartenant aux états transitoires. Exprimer cette matrice à partir d'une matrice extraite de P.
6) Si (A, B, C) est l'état initial, quelle est la durée moyenne des combats ?
7) Reprendre les questions 5 et 6 en calculant non plus les valeurs moyennes mais les variances.

2.F. Soit un lycée où les études ont lieu de la troisième à la terminale (il n'y a qu'une «section» par classe).
A la fin de l'année d'étude en cours l'élève soit abandonne le lycée avec la probabilité p, soit reste dans la même classe avec la probabilité q, soit passe dans la classe supérieure avec la probabilité r $(p + q + r = 1)$ pour la terminale ; admis dans la classe supérieure signifie reçu au baccalauréat. D'autre part l'année au lycée peut se faire dans n'importe quelle classe. On désigne par A, B, C, D, E, F les états : abandonner le lycée, être reçu au baccalauréat, être en 3ème, 2ème, 1ère terminale.
Le processus des études est supposé markovien et un élève qui quitte le lycée n'y revient plus.

a) Ecrire la matrice de transition du processus.
Préciser la nature et la composition des «classes d'états» de cette chaîne.

b) Pour chacune des classes i, $i \in \{C, D, E, F\}$ quelle est la loi de probabilité du temps de séjour dans cette classe ?
Temps moyen de séjour ?
Application numérique $p = 0{,}2$ $q = 0{,}1$ $r = 0{,}7$.

c) Pour chacune des classes d'entrées possibles (C, D, E, F) quelle est la probabilité d'avoir le baccalauréat ultérieurement, d'abandonner ultérieurement le lycée ?
Pour les mêmes valeurs numériques que précédemment, à partir de quelle classe la probabilité d'avoir ultérieurement le baccalauréat est-elle supérieure à 0,5 ?

d) Calculer pour chacune des classes d'entrées possibles la probabilité d'atteindre ultérieurement la classe immédiatement supérieure. En déduire pour i, $j \in \{C, D, E, F\}$ la probabilité q_{ij} partant de i d'atteindre j - Pas d'application numérique.

e) On désigne pour i, $j \in \{C, D, E, F\}$ par a_{ij} le temps moyen de séjour dans la classe j pour un élève qui rentre dans la classe i avec $i < j$ (le temps de séjour dans la classe j est nul si l'élève n'atteint pas cette classe) - Calculer a_{ij} - Pas d'application numérique.

2.G. Bien que capricieux, le temps, à Markoville, suit les lois suivantes :

a) La journée est soit «pluvieuse ou couverte», soit «magnifique», soit enfin «pluvieuse avec éclaircies» !

b) Il n'y a pas deux jours magnifiques consécutifs.

c) S'il fait beau un jour, le lendemain il y a autant de chances d'avoir une journée «pluvieuse ou couverte», qu'une journée «pluvieuse avec éclaircies».

d) Si un jour le temps est «pluvieux ou couvert» (resp «pluvieux avec éclaircies») alors le lendemain on a le même temps avec probabilités $\frac{1}{2}$.

e) S'il ne fait pas beau («journée pluvieuse ou couverte» ou «pluvieuse avec éclaircies») et si pendant la nuit le temps change, alors le lendemain, une fois sur deux, la journée est «magnifique».

f) Le processus de transformation du temps est markovien.
On désignera par a_1(resp a_2, a_3) l'état : la journée est «pluvieuse ou couverte» (resp «magnifique», «pluvieuse avec éclaircies»).

1) Ecrire la matrice de transition P du processus et dessiner le graphe associé.
Y a-t-il des états transitoires ?

2) Calculer la matrice P^5 (i.e. donner avec 3 décimales la valeur des éléments de la matrice P^5).

3) Calculer la distribution finale μ du processus : $\mu = \lim_n \pi P^n$ où π est une loi initiale quelconque.

4) Calculer la matrice limite : $M = \lim_{n \to \infty} P^n$. Comparer avec la matrice P^5.

5) On suppose que le processus débute par une journée a_i ($i = 1, 2, 3$).

Combien, en moyenne, doit-on attendre de journées pour qu'il refasse le même temps ?

2.H. Une chaîne de Markov est une martingale si pour tout j l'espérance mathématique associée à la loi définie par $\{P_{jk}\}$ est égale à j c'est-à-dire si

$$\sum_{k=0}^{N} k \, P_{jk} = j \qquad \forall j$$

les états de cette chaîne étant notés 0, 1, 2, ... N.

a) Construire une telle chaîne pour $N = 2$.

b) Pour N quelconque que peut-on dire des états $\{0\}$ et $\{N\}$?

c) On fait l'hypothèse (H) : P_{j0} et P_{jN} sont positifs stricts $\forall j \neq 0$ et N. Que conclure sur la nature des états de cette chaîne ? Limite lorsque $n \to \infty$ de $P_{ij}^{(n)}$ (établir une relation du même type que celle de définition). Sous quelle hypothèse plue générale que (H) le résultat précédent est-il encore valable ?

d) Application à un exemple de génétique = Chaque cellule contient N particules, certaines de type A, les autres de type B. La cellule est dite dans l'état j si elle contient exactement j particules du type A. Une cellule «fille» est obtenue par division cellulaire, mais avant la division, chaque particule donne naissance à deux particules identiques. La celle fille hérite ainsi de N particules choisies au hasard parmi les 2 j particules de type A et les 2N - 2 j particules de type B présentes dans la cellule mère.
Montrer que l'évolution au cours des générations d'une telle population de cellules est une chaîne de Markov dont on donnera les probabilités de transition. Quel sera l'état de cette population après un nombre suffisamment grand de générations ?

2.13. - PROGRAMMATION DYNAMIQUE ET CHAINES DE MARKOV

Il s'agit en fait d'un complément sous forme d'exercices dû à C. Maillard.

Chaînes de Markov avec gain (I)

Pour un constructeur automobile, le marché peut présenter deux états : son modèle se vend bien (état 1) ou mal (état 2). L'état du marché change chaque semaine d'une manière markovienne. La matrice de transition de la chaîne est $P = (p_{ij})$. Les gains du constructeur sont liés aux transitions du système si d'une semaine à l'autre, le marché passe de l'état i à l'état j le constructeur gagne r_{ij} unités. Soit $R = (r_{ij})$ la matrice des gains.

Soit $v_i(n)$ l'espérance des gains du constructeur en n transitions en partant de l'état i; soit V(n) le vecteur colonne dont les éléments sont $v_i(n)$.

1) Ecrire les équations de récurrence donnant $v_i(n)$ et V(n). En déduire la formule donnant V(n) en fonction de V(1) et des puissances de la matrice P (on supposera que la chaîne ne présente qu'une seule classe récurrente).

2) Application numérique : calculer V(1), V(2), V(3), V(4) lorsque

$$P = \begin{bmatrix} 0,5 & 0,5 \\ 0,4 & 0,6 \end{bmatrix} \qquad R = \begin{bmatrix} 9 & 3 \\ 3 & -7 \end{bmatrix}$$

3) En utilisant la décomposition de P en le produit $A\Gamma A^{-1}$ (où Γ est la matrice diagonale des valeurs propres) , étudier V(n) lorsque n tend vers l'infini. Donner l'expression du gain moyen par transition $g = V(n+1) - V(n)$ en fonction de la matrice $P^* = \lim_{n\to\infty} (P^n)$

Recherche d'une politique optimale par la programmation dynamique (II)

Soucieux d'accroître ses gains, notre constructeur automobile va, après avoir constaté l'état du marché à la semaine m, chercher à agir afin d'influer sur l'état du marché à la semaine m + 1 : Pour cela il peut, si son modèle se vend bien, ne pas faire de publicité ou en faire, et si son modèle ne se vend pas bien, chercher à l'améliorer ou ne rien faire. Par son action, il modifie en sa faveur les probabilités de transition entre le temps m et le temps m + 1, mais il dépense de l'argent et il modifie sa matrice des gains (cf. tableau 1 pour les valeurs numériques). Nous avons donc une suite de "hasards" et de "décisions".

Nous supposerons que les affaires commencent à la semaine 0 et se terminent après n transitions à la semaine n. Soit $u_i(n)$ *la valeur maximale* de l'espérance du gain total que l'on peut obtenir en n transitions en partant de l'état i au temps 0.

1) Donner les équations de récurrence permettant de calculer la variable $u_i(n)$ en fonction des variables $u_j(n-1)$.

2) Avec les valeurs numériques du tableau 1, donner les valeurs de $u_1(n)$ et de $u_2(n)$ ainsi que les séquences des décisions optimales pour n = 1, 2, 3 et 4.
Quels sont les inconvénients d'une telle méthode de calcul ?
Que peut-on dire des décisions optimales quand n croît ?

L'algorithme de Howard (III)

A la question 2 de la partie 2, on a constaté que la première décision optimale tendait vers une décision limite quand n tend vers l'infini. On peut démontrer cette propriété (Bellman : "Programmation dynamique", Dunod). Il reste à trouver cette décision limite. Supposons que notre constructeur ait adopté, comme décision limite, la décision (1, 1) : Pas de publicité, pas d'amélioration. On peut se ramener à la partie I et la limite des gains $v_i(n)$ vaut (cf. troisième question).

$$v_i(n) = ng + v_i \qquad i = 1,2$$

1) Reporter cette équation dans la relation de récurrence du I.1. Peut-on résoudre le système de deux équations à 3 inconnues ainsi trouvé ? Interpréter $v_1 - v_2$. Calculer numériquement v_1 et g en prenant $v_2 = 0$.

2) A la question II.1 on a vu que si on connaissait la politique optimale à suivre quand il reste n transitions du système (ce sont les $u_j(n)$), on savait calculer la politique optimale à suivre quand il reste n + 1 périodes ($u_i(n)$). Réécrire les équations de récurrence du paragraphe II.1 avec la valeur limite de $v_i(n)$ pour n grand. En déduire une nouvelle politique dont on calculera les valeurs v_1, g et v_2. Refaire le calcul avec ces nouvelles valeurs. Que conclure ? On démontre assez facilement que l'algorithme converge (démonstration laissée au gré du lecteur). Donner un organigramme simplifié de cet algorithme.

TABLEAU

Etat du marché	Politique	Probabilités de transition		Gains	
i	k	$p_{i_1}^k$	$p_{i_2}^k$	$r_{i_1}^k$	$r_{i_2}^k$
1) Le modèle se vend bien	1 Pas de publicité	0,5	0,5	9	3
	2 Publicité	0,8	0,2	4	4
2) Le modèle se vend mal	1 Aucune action	0,4	0,6	3	-7
	2 Amélioration	0,7	0,3	1	-19

CHAPITRE 3

CHAÎNES DE MARKOV A ESPACE D'ÉTATS CONTINU

3.1. - INTRODUCTION

Dans le cas discret les probabilités de transitions sont données par la matrice stochastique P dont les lignes sont des distributions de probabilités.

L'extension naturelle lorsque le temps reste discret est de considérer des transitions d'un point x à un intervalle arbitraire A de R (ou plus généralement à un domaine de R^n).

Après avoir introduit la notion de densité de transition on s'intéresse comme pour les chaînes à états discrets à la distribution asymptotique. Par analogie on étend la classification des états pour aboutir à la notion de région récurrente et de région transitoire. Mais nous ne traiterons pas cette question qui déborde l'objectif de ce livre et que le lecteur pourra étudier par exemple dans [13]. Par contre on expose le cas très important pour les applications des chaînes gaussiennes markoviennes.

3.2. - DENSITES DE TRANSITION

Soit X_n l'état du système à l'instant n. X_n est supposé dans la suite à valeurs dans R bien qu'on puisse étudier de la même façon les chaînes multidimensionnelles où X_n est à valeurs dans R^p. La suite X_n n = 0,1,2, ... est une chaîne de Markov si la propriété suivante est vraie :

$Pr(X_n \in A/X_{n-1} = x_{n-1}, X_{n-2} = x_{n-2}, \ldots, X_o = x_o) =$

$Pr(X_n \in A/X_{n-1} = x_{n-1})$ quels que soient n, x_i et A intervalle de R.

F(x, A) est la probabilité de transition d'un point x à A plus précisément $F(x, A) = Pr\{X_{n+1} \in A/X_n = x\}$. Il est naturel d'imposer à F(x, A) d'être pour x fixé une distribution de probabilité et pour A fixé de supposer que F(x, A) est continue en x (bien qu'on puisse se contenter d'une condition moins restrictive).

Si F(x, A) possède une densité on la note f(x, y) et f(x, y)dy est la probabilité d'une transition en une étape de x à un intervalle infinitésimal y, y + dy.

Cette densité peut dépendre du temps et on a alors

$Pr\{y < X_{n+1} < y + dy/X_n = x\} = f_n(x, y)dy$

Comme dans le cas discret si $f_n(x, y)$ ne dépend pas du temps la chaîne est dite à densité de transition stationnaire ou chaîne de Markov homogène.

Les probabilités de transition en deux ou plus généralement m étapes se généralisent facilement et par exemple (pour les chaînes homogènes) :

$f^{(2)}(x, y) = \int_\Omega f(x, z)\, f(z, y)\, dz$ (Ω = domaine de variation)

naturellement la propriété de chaîne de Markov conduit à la relation de compatibilité qui est l'analogue de $p^{m+n} = p^m\, p^n$. dans le cas discret ou relation de Chapman Kolmogoroff.

Soit $f^{(m+n)}(x, y) = \int_\Omega f^{(m)}(x, z)\, f^{(n)}(z, y)\, dz.$

où $f^{(n)}(x, y) = Pr(y < X_n < y + dy/X_o = x)$

3.3. - DISTRIBUTION DE PROBABILITE ASYMPTOTIQUE

Si $I_o(x)$ est la distribution de probabilité de l'état initial c'est-à-dire si

$$I_o(x)\, dx = Pr\, \{x < X_o \leqslant x + dx\}$$

on note $I_n(x)$ la distribution de probabilité à l'instant n

$$I_n(x)\, dx = Pr\, \{x < X_n < x + dx\}$$ ce qui conduit à

$$I_n(x) = \int_\Omega I_o(y)\, f^{(n)}\, (y, x)\, dy$$

La distribution $I_o^*(x)$ sera dite stationnaire si

$$I_o^*(x) = \int_\Omega I_o^*(y)\, f(y, x)\, dx$$

On peut montrer que, sous des conditions de régularité assez générales, il existe une distribution stationnaire qui est unique et qui est la limite de la distribution à l'instant n, $I_n(x)$ lorsque n augmente indéfiniment et cela quel que soit l'état initial.

3.4. - CHAINES GAUSSO-MARKOVIENNES

Soient $X_1 \ldots X_r$ une suite de variables aléatoires telles que $E(X_i) = 0$; $Var(X_i) = \sigma_i^2$; $E(X_i\, X_j) = \rho_{ij}\, \sigma_i\, \sigma_j$

Définition

La suite $X_1 \ldots X_r$ de variables aléatoires gaussiennes, qui de plus suivent une loi de Gauss à r dimensions est markovienne si pour $K \leqslant r$ la loi conditionnelle de X_K pour $X_1, \ldots X_{K-1}$ fixés est identique à la densité conditionnelle de X_K pour X_{K-1} fixé.

Nous allons démontrer deux théorèmes de caractérisation.

Théorème A

La condition nécessaire et suffisante pour que $X_1 \ldots X_r$ soit gaussienne markovienne est que pour $K \leqslant r$

$$E(X_K/X_1 \ldots X_{K-1}) = E(X_K/X_{K-1}).$$

Théorème B

La condition nécessaire et suffisante pour que $X_1, \dots X_r$ soit gaussienne markovienne est que pour $j < q < k \leqslant r$ on ait

$\rho_{jk} = \rho_{jq}\, \rho_{qk}$

Pour la démonstration de ces théorèmes on utilise le théorème suivant sur les lois gaussiennes multivariates.

Théorème C

Si $(X_1, \dots X_K)$ suit une loi de Gauss à K dimensions, la loi conditionnelle de X_K pour $X_1, \dots X_{K-1}$ fixés est gaussienne.

De plus $E(X_K/X_1, \dots X_{K-1}) = \sum_{i=1}^{K-1} a_{K-i}\, X_{K-i}$ *et c'est la seule fonction linéaire de $X_1, \dots X_{K-1}$ rendant*

$T = X_K - a_1 X_1 \dots a_{K-1} X_{K-1} = X_K - E(X_K/X_1 \dots X_{K-1})$ *indépendant de $X_1, \dots X_{K-1}$. De plus* $V(X_K/X_1 \dots X_{K-1}) = \mathrm{Var}\, T$

En effet :

Soit $X = (X_1 \dots X_K)$. La densité de X est à une constante multiplicative près $f(x) = \exp\{-\frac{1}{2} q(x)\}$ avec $q(x) = X\,Q\,X^T$ où Q d'élément q_{ij} est l'inverse de la matrice de variance-covariance des X_i.

Faisons le changement de variables.

$Z_1 = X_1 \qquad Z_2 = X_2 \dots \qquad Z_{K-1} = X_{K-1}$

et $Z_K = q_{1,K} X_1 + \dots + q_{K-1,K} X_{K-1} + q_{K,K} X_K$

Il est facile de voir, en examinant la forme de la matrice associée à cette transformation linéaire, que

$$f(x) = \frac{1}{q_{KK}} Z_K^2 + g(Z_1, \dots Z_{K-1})$$

$g(Z_1, \dots Z_{K-1})$ étant une forme quadratique en $Z_1, \dots Z_{K-1}$ qui correspond donc à la loi de $(X_1, X_2, \dots X_{K-1})$. Ce qui prouve que Z_K est indépendante de X_1, ... X_{K-1} et que la loi de Z_K est gaussienne et de densité (à une constante multiplicative près) $\exp \{-\frac{1}{2}\frac{Z_K^2}{q_{KK}}\}$. Donc la variance de Z_K est q_{KK} et

$$E(X_K/X_1 \ldots X_{K-1}) = -\frac{q_{1K}}{q_{KK}} X_1 \ldots - \frac{q_{K-1,K}}{q_{KK}} X_{K-1}$$

(on posera $a_i = -\frac{q_{i,K}}{q_{KK}}$) et $\mathrm{Var}\,(X_K/X_1 \ldots X_{K-1}) = 1/q_{KK}$

D'autre part la matrice de variance covariance de $X_1 \ldots X_{K-1}$ étant non dégénérée, le système linéaire obtenu à partir de $E(T\ X_i) = 0$ a une solution unique et il n'y a donc qu'une seule forme linéaire $T = X_K + \alpha_1 X_1 + \ldots + \alpha_{K-1} X_{K-1}$ qui soit indépendante de $X_1, \ldots X_{K-1}$ c'est donc la forme précédente $T = X_K - E(X_K/X_1 \ldots X_{K-1})$.

Appliquons ce résultat à la démonstration des théorèmes A et B.

Tout d'abord notons que par définition la loi conditionnelle de $X_K/X_1 \ldots X_{K-1}$ est la même que celle de X_K/X_{K-1} donc en particulier les espérances mathématiques d'où la condition nécessaire du théorème A.

Posons $T = X_K - \frac{\sigma_K}{\sigma_{K-1}} \rho_{K-1,K} X_{K-1}$

On en déduit que $E(T\ X_{K-1}) = 0$ et que T est la seule variable de la forme $X_K + \lambda X_{K-1}$ indépendante de X_{K-1} donc d'après le théorème C on a $T = X_K - E(X_K/X_{K-1})$.

Pour démontrer la condition suffisante du théorème A on a par hypothèse $E(X_K/X_{K-1}) = E(X_K/X_{K-1}, \ldots X_1)$ d'où on peut écrire aussi $T = X_K - E(X_K/X_1 \ldots X_{K-1})$ et réciproquement, si T est non corrélé avec $X_1 \ldots X_{K-1}$, on a d'après le théorème C :

$T = X_K - E(X_K/X_1 \ldots X_{K-1})$ donc

$\{E(X_K/X_1 \ldots X_{K-1}) = E(X_K/X_{K-1})\} \Leftrightarrow \{T = X_K - \frac{\sigma_K}{\sigma_{K-1}} \rho_{K-1,K} X_{K-1}$

est non corrélé avec $X_1 \ldots X_{K-1}\}$.

De plus d'après le théorème C on a $Var(X_K/X_1 \ldots X_{K-1}) = Var\ T = Var(X_K/X_{K-1})$. Les lois gaussiennes de $X_K/X_1, \ldots, X_{K-1}$ et de X_K/X_{K-1} ayant même espérance mathématique et même variance sont donc identiques et la suite $X_1, \ldots, X_K \ldots$ est bien gaussienne markovienne ce qui prouve la condition suffisante du théorème A.

Mais si T est non corrélé avec $X_1 \ldots X_{K-1} \Longrightarrow E(TX_i) = 0$
$i = 1,2, \ldots, k-1$.

Or $E(TX_j) = 0 \Longrightarrow E(X_j X_K) - \frac{\sigma_K}{\sigma_{K-1}} \rho_{K-1,K} E(X_j X_{K-1}) = 0$

$$\Longrightarrow \rho_{jK} = \rho_{K-1,K}\, \rho_{j,K-1} \qquad j = 1,2, \ldots, K-1$$

et réciproquement. Donc :

$\{T$ non corrélé avec $X_1, \ldots X_{K-1}\} \Leftrightarrow \{\rho_{jK} = \rho_{K-1,K}\, \rho_{j,K-1}$
$j = 1,2, \ldots, K-1\}$

D'autre part la condition suffisante du théorème B implique

$\rho_{jK} = \rho_{j,K-1}\ \rho_{K-1,K}$, $J < K-1$, donc que T est non corrélé avec $X_1 \ldots X_{K-1}$ donc que $E(X_K/X_1 \ldots X_{K-1}) = E(X_K/X_{K-1})$ ce qui est suffisant d'après le théorème A.

Le théorème A et la chaîne précédente des propositions équivalentes montrent que si $X_1 \ldots X_K$ est gaussien markovien on a

$$\rho_{jK} = \rho_{j,K-1} \times \rho_{K,K-1} \qquad j \leqslant K-1$$

et de même pour $j < q$

$$\rho_{qK} = \rho_{q,K-1}\ \rho_{K-1,K} \qquad q \leqslant K-1$$

$$\Longrightarrow \frac{\rho_{jK}}{\rho_{qK}} = \frac{\rho_{j,\ K-1}}{\rho_{q,\ K-1}} = \frac{\rho_{j,\ K-2}}{\rho_{q,\ K-2}} = \ldots\ldots\ldots\ldots = \rho_{jq}$$

d'où $\rho_{jK} = \rho_{jq}\ \rho_{qK}$ et donc la condition nécessaire du théorème B.

3.5. - QUELQUES APPLICATIONS

Processus gaussiens à accroissements indépendants

Une suite finie ou infinie X_K de variables aléatoires gaussiennes centrées ($E(X_K) = 0$) est une chaîne à accroissements indépendants si pour $j < K$ l'accroissement $X_K - X_j$ est indépendant de $X_1 \dots X_j$

donc $E\left[X_j(X_K - X_j)\right] = 0 \qquad j < K$

$$\Longrightarrow \rho_{jK} = \frac{\sigma_j}{\sigma_K} \qquad j < K$$

donc une telle chaîne vérifie le théorème B et est markovienne. C'est en fait la somme de K variables aléatoires gaussiennes mutuellement indépendantes.

Modèles auto-régressifs

Soit une suite gaussienne markovienne $X_1, X_2, \dots$ avec $E(X_K) = 0$. D'après ce qui précède il existe une constante unique a_K rendant $X_K - a_K X_{K-1}$ indépendant de X_{K-1} et donc de $X_1, X_2, \dots X_{K-2}$.

Soit $\lambda_K^2 = \mathrm{Var}\,(X_K - a_K X_{K-1})$ et définissons les variables Z_i par les relations

$$X_1 = \lambda_1 Z_1$$
$$\vdots$$
$$X_K = a_K X_{K-1} + \lambda_K Z_K \qquad K = 2,3, \dots$$

On a $\quad E(Z_i) = 0$

et $\mathrm{Var}(Z_i) = E(Z_i^2) = 1$

Réciproquement si les variables Z_i sont gaussiennes, indépendantes et telles que $E(Z_i) = 0 \quad \mathrm{Var}(Z_i) = 1$ alors les variables

X_i définies par

$$X_1 = \lambda_1 Z_1$$
$$\vdots$$
$$X_K = a_K X_{K-1} + \lambda_K Z_K$$

sont gaussiennes markoviennes (par construction mais on peut aussi à titre d'exercice, appliquer le théorème B en utilisant l'indépendance de Z_K avec $X_1 \ldots X_{K-1}$). Ainsi

La condition nécessaire et suffisante pour que la suite $X_1 \ldots X_K$ soit gaussienne markovienne est qu'il existe des variables aléatoires gaussiennes mutuellement indépendantes Z_i telles que

$$E(Z_i) = 0 \quad Var(Z_i) = 1 \text{ de façon que}$$
$$X_1 = \lambda_1 Z_1$$
$$\vdots$$
$$X_K = a_K X_{K-1} + \lambda_K Z_K$$

Notons que $\lambda_K = \sigma_K \sqrt{1 - \rho_{K,K-1}}$

$$a_K = \frac{\sigma_K}{\sigma_{K-1}} \rho_{K,K-1}$$

Cette écriture canonique des processus gaussiens markoviens à temps discret est très souvent utilisée dans les applications.

Suites gaussiennes markoviennes stationnaires

La suite $\{X_n\}$ est homogène et stationnaire si pour chaque n-tuple fixé $\alpha_1 \ldots \alpha_n$ la distribution de $(X_{\alpha_1+v}, \ldots X_{\alpha_n+v})$ est indépendante de v.

Dans ce cas $Var(X_K^2) = \sigma^2$ indépendant de K et de même

$E(X_{K-1} X_K) = \rho\, \sigma^2$ quel que soit K (on suppose que $E(X_K) = 0$).

D'où d'après le théorème B on a

$$\rho_{jK} = \rho^{|j-K|} \qquad \text{soit } E(X_j\ X_K) = \sigma^2\ \rho^{|j-K|}$$

Réciproquement toute suite gaussienne ayant cette propriété est markovienne et stationnaire.

Pour de telles suites l'écriture canonique est

$$X_K = \rho X_{K-1} + \sigma\ \sqrt{1 - \rho^2}\ Z_K$$

3.6. - AUTRE PRESENTATION DES SUITES GAUSSIENNES MARKOVIENNES

On peut présenter ces suites comme une illustration des quelques généralités au début du chapitre.

Soit $f_{i,K}(x,y)\ dy = \Pr\ \{y < X_K < y + dy\ /\ X_i = x\}$ qui dans le cas de chaînes homogènes s'écrit $f^{(K-i)}(x,y)$ d'après le paragraphe 3.2.

Dans le cas de lois conditionnelles gaussiennes on a

$$f_{i,K}(x,y) = \frac{1}{\sigma_k\ \sqrt{1-\rho_{i,K}^2}}\ \exp\left\{ -\frac{1}{2}\left(\frac{y-\sigma_i^{-1}\ \rho_{iK}\sigma_K x}{\sigma_K\ \sqrt{1-\rho_{i,K}^2}}\right)^2 \right\}$$

A cause du caractère markovien on a pour densité du triplet (X_i, X_j, X_K) : $f_i(x)\ f_{ij}(x,y)\ f_{jK}(y,z)$ avec $f_i(x)$ qui désigne la densité associée à X_i et en désignant par x, y, z les réalisations de X_i, X_j, X_K.

Notons que les densités f_{ij} et f_{jK} ne sont pas arbitraires car l'intégration par rapport à X_j doit donner la loi du couple (X_i, X_K) (Chapman-Kolmogoroff) d'où

$$f_{i,K}(x,z) = \int_{-\infty}^{+\infty} f_{ij}(x,y)\ f_{j,K}(y,z)\ dy \qquad i < j < K$$

Théorème

Une famille $f_{iK}(x,y)$ peut servir de densités de transition dans une chaîne gaussienne markovienne si et seulement si elle *satisfait l'équation de Chapman-Kolmogoroff précédente et si $f_{iK}(x,y)$ représente pour chaque x fixé une densité gaussienne en y.*

La condition est nécessaire d'après ce qui précède. La condition est suffisante car en remplaçant dans l'équation précédente les $f_{i,K}$ par les expressions gaussiennes données au début de ce paragraphe on en déduit après un calcul assez simple que

$\rho_{iK} = \rho_{ij}\ \rho_{jK}$ et on utilise alors le théorème B

Notons l'intérêt de cette présentation qui s'étend évidemment à des chaînes markoviennes non gaussiennes.

Terminons ce chapitre en signalant que les notions précédentes s'étendent au processus à temps continu et qu'en particulier le mouvement brownien ou processus de Wiener Bachelier est un processus gaussien markovien qui est à accroissements indépendants et dont les densités de transition sont données par une loi de Gauss.

3.7. - EXERCICES

3.A. Soit une chaîne de Markov où l'espace des états est le segment (0, 1) les probabilités de transition sont définies par :

$$f(x, y) = \begin{cases} \frac{1}{2}\,(1-x)^{-1} & \text{si } 0 < x < y < 1 \\ \frac{1}{2}\,x^{-1} & \text{si } 0 < y < x < 1 \end{cases}$$

Montrer que la distribution stationnaire est solution d'une équation différentielle qssez simple.

3.B. Une chaîne de Markov X_n où l'espace des états est le segment (0, 1) est telle que si $X_n = x$ alors X_{n+1} est réparti uniformément sur le segment $(1 - x, 1)$. Montrer que la distribution stationnaire est donnée par la fonction $2\,x$.

3.C. Soient $y_1\ y_2 \ldots y_q$ les coordonnées rangées en ordre croissant de q points tirés sur le segment (0, 1) selon une loi uniforme. Montrer que la suite des variables aléatoires $\{y_i\}$ $i = 1, 2, \ldots q$ est markovienne et calculer les probabilités de transition.

3.D. Soit une suite de nombres réels a_i telle que $1 \geqslant a_1^2 \geqslant a_2^2 \ldots \geqslant a_n^2$. On considère la matrice Q carrée et symétrique dont le terme général est

$$q_{ij} = \frac{a_j}{a_i} \qquad \text{pour } i \leqslant j \qquad i, j = 1, 2, \ldots n$$

Montrer qu'il existe une suite gaussienne markovienne qu'on explicitera qui admette Q pour matrice de variance-covariance.

3.E. Soit une suite de variables aléatoires gaussiennes markoviennes.

$$X_{K+1} = a\, X_K + b\, U_{K+1}$$

où X_o et les U_i sont des variables aléatoires indépendantes, gaussiennes, centrées et réduites.

Quelle est la variance de X_K. Montrer que cette suite possède une distribution limite que l'on explicitera. Comment faut-il modifier la loi de X_o pour que la distribution de X_K ne dépende pas de K.

Pour une suite de même nature, stationnaire mais non centrée, montrer que par l'observation d'une trajectoire sur une longueur q on peut construire un estimateur de $m = E(X_K)$. Quelle est la variance de cet estimateur ?

CHAPITRE 4

PROCESSUS DE POISSON

4.1. - INTRODUCTION

Nous allons maintenant aborder les processus de Markov à temps continu. A la notion de transition entre les instants n et n+1 , on substitue celle de transition dans l'intervalle infinitésimal $(t, t + \Delta t)$.

Nous nous limiterons à un espace d'état discret. Ainsi en est-il du processus de Poisson où l'on compte le nombre de fois X(t) qu'un événement, tel que l'arrivée d'un véhicule à une station service, se reproduit sur l'intervalle (0, t) par exemple aux instants $\tau_1, \tau_2, \tau_3 \dots$

Le graphe de X(t) ou trajectoire est alors la courbe en escalier:

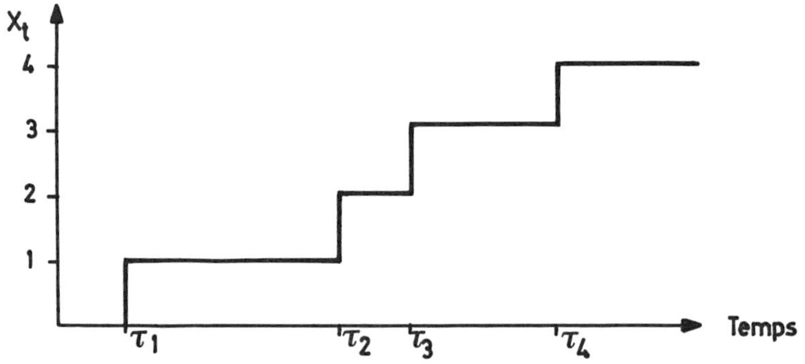

Les changements d'état se font donc à des instants aléatoires selon un modèle que nous allons étudier et qui sera généralisé dans le chapitre suivant.

4.2. - PROCESSUS DE POISSON : HYPOTHESES ET LOI DE PROBABILITE

Faisons les hypothèses suivantes :

H_1 *Le nombre d'événements se produisant dans deux intervalles de temps disjoints sont des v.a. indépendantes. Plus précisément si* $t_o < t_1 < t_2 \ldots < t_n$ *sont des instants quelconques les accroissements*

$X(t_1) - X(t_o)$, $X(t_2) - X(t_1)$, ..., $X(t_n) - X(t_{n-1})$ *sont des v.a.*

mutuellement indépendantes. X_t *est un processus à accroissements indépendants.*

H_2 *La v.a.* $X(t_o+t)$, $- X(t_o)$ *ne dépend que de t et donc pas de* t_o *(processus homogène) ni de* $X(t_o)$.

H_3 *La probabilité qu'au moins un événement se produise dans une période de durée* Δt *est :*

$P(\Delta t) = \lambda\Delta t + o(\Delta t)$ *: densité* λ *constante*

($o(\Delta t)$ *étant tel que* $o(\Delta t)/\Delta t \to o$ *si* $\Delta t \to o$*).*

H_4 *La probabilité de 2 événements ou plus dans l'intervalle de longueur* Δt *est* $o(\Delta t)$ *c'est-à-dire qu'on exclut la possibilité que deux événements ou plus se produisent simultanément.*

Calculons $P_m(t) = \Pr\{X(t) = m\}$

Puisque les antécédents de l'événement $\{X(t+\Delta t) = m\}$ sont de façon exhaustive les événements mutuellement exclusifs suivants: $\{X(t) = m$ et rien sur $(t, t+\Delta t)\}$; $\{X(t) = m-1$ et un événement sur $(t, t+\Delta t)$; $X(t) = m-2$ et 2 événements sur $(t, t+\Delta t)\}$; ... à cause de l'hypothèse H_1 le "et" sépare en fait deux événements indépendants. D'autre part $\Pr\{X(t) = m-k\} < 1$ et la probabilité de plus d'un événement sur $(t, t+\Delta t)$ est $o(\Delta t)$ d'après H_4. En utilisant H_3 on obtient :

$$P_m(t+\Delta t) = P_m(t)\ (1-\lambda(\Delta t)) + P_{m-1}(t)\ \lambda(\Delta t) + o(\Delta t)$$

Soit $\dfrac{P_m(t+\Delta t) - P_m(t)}{\Delta t} = \lambda\ P_m(t) + \lambda\ P_{m-1}(t) + \dfrac{o(\Delta t)}{\Delta t}$

Si $\Delta t \to 0$ on a l'équation :

$$P'_m(t) = \lambda\ P_m(t) + \lambda\ P_{m-1}(t)$$

avec $P_m(0) = 0$

On résoud cette équation différentielle aux différences (par exemple de proche en proche en utilisant $Q_m(t) = e^{\lambda t}\ P_m(t)$) et on obtient :

$$P_m(t) = \frac{e^{-\lambda t}\ (\lambda t)^m}{m!}$$

Le nombre d'événements qui se produisent dans un intervalle de longueur t est une variable aléatoire qui suit une loi de Poisson de moyenne λt.

Remarque - L'extension naturelle des hypothèses $H_1 \ldots H_4$ à R^2 ou R^3 c'est-à-dire en remplaçant l'intervalle par une surface ou un volume permet d'expliquer l'apparition de la loi de Poisson dans de nombreux phénomènes physiques.

4.3. - LOI DE POISSON ET LOI EXPONENTIELLE

Pour le processus ponctuel caractérisé par les hypothèses H_1, H_2, H_3, H_4 on a le théorème suivant.

Théorème

(1) Quelque soit l'instant t auquel on se place la durée θ qui sépare cet instant t du prochain évènement est une variable aléatoire de loi exponentielle de paramètre λ.

(2) Les <u>durées</u> $\theta_n = \tau_{n+1} - \tau_n (n\geq 1)$ qui séparent les événements consécutifs constituent une suite de variables aléatoires indépendantes positives de même loi exponentielle de paramètre λ.

Démonstration

(1) Les événements ; "$\theta > s$" et rien ne se produit entre les instants τ, $\tau+s$ sont identiques.

Donc $\quad \Pr(\theta > s) = e^{-\lambda s}$

d'où la densité de probabilité de θ : $\lambda\, e^{-\lambda s}\, ds$; c'est une loi exponentielle de paramètre λ.

(2) L'événement infinitésimal où θ_i désigne les temps d'attente :

$\tau_1-\tau_0<\theta_1<\tau_1-\tau_0+d\tau_1,\ \tau_2-\tau_1<\theta_2<\tau_2-\tau_1+d\tau_2 \ldots\ \tau_n-\tau_{n-1}<\theta_n<\tau_n-\tau_{n-1}+d\tau_n$

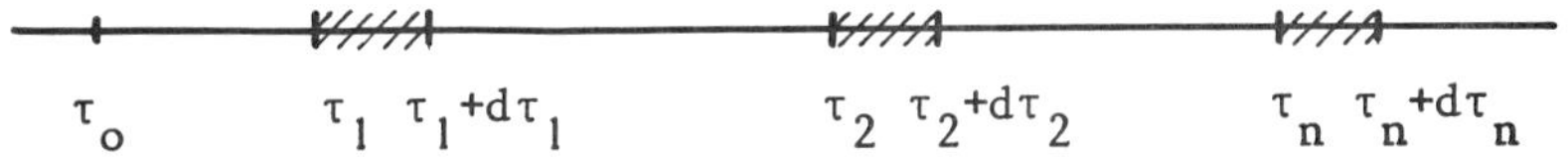

est réalisé si et seulement si par construction

$$X(\tau_1)-X(\tau_0) = X(\tau_2)-X(\tau_1+d\tau_1) = \ldots = X(\tau_n)-X(\tau_{n-1}+d\tau_{n-1}) = 0$$

et

$$X(\tau_1+d\tau_1)-X(\tau_1) = X(\tau_2+d\tau_2)-X(\tau_2) = \ldots = X(\tau_n+d\tau_n)-X(\tau_n) = 1$$

Or les variables aléatoires $X(a) - X(b)$ sont des variables aléatoires indépendantes puisque les différents intervalles $[a, b]$ considérés sont disjoints donc les probabilités correspondantes sont données par des lois de Poisson.

D'où la probabilité de $\mathscr{A}$ à un infiniment petit d'ordre supérieur à deux près est :

$$e^{-\lambda(\tau_1-\tau_0)}\, e^{-\lambda(\tau_2-\tau_1-d\tau_1)} \ldots e^{-\lambda(\tau_n-\tau_{n-1}-d\tau_{n-1})}\ \lambda d\tau_1 \ldots \lambda d\tau_n$$

soit $\lambda e^{-\lambda(\tau_1-\tau_0)}\, d\tau,\ \lambda e^{-\lambda(\tau_2-\tau_1)}\, d\tau_2 \ldots \lambda e^{-\lambda(\tau_n-\tau_{n-1})}\, d\tau_n$

c'est-à-dire que le vecteur aléatoire $\theta_1 \ldots \theta_n$ a ses composantes indépendantes, chacune de loi exponentielle de paramètre λ .

Ce théorème important est caractéristique du processus de Poisson et permet donc d'en donner une autre présentation. Parmi ses applications intéressantes, signalons que la loi du temps nécessaire pour la réalisation de K événements s'obtient par la composition de K lois exponentielles de paramètre λ ou encore lois gamma 1 ; c'est donc la loi gamma K dont la densité est

$$\frac{\lambda\ (\lambda t)^{K-1}\ e^{-\lambda t}}{(K-1)!}$$

Remarque - Il n'est pas étonnant de voir apparaître la loi exponentielle. En effet on se rappellera la caractérisation suivante :

La condition nécessaire et suffisante pour qu'une variable aléatoire positive T ait une densité exponentielle, est que la loi de T-t conditionnelle lorsque T > t ne dépende pas de t (autrement dit la loi de probabilité du temps de survie ne dépend pas de l'âge atteint).

4.4. - LOI CONDITIONNELLE DE REPARTITION DES EVENEMENTS SUR UN INTERVALLE DONNE LORSQUE L'EFFECTIF EST CONNU

Le problème est : sachant que sur un intervalle (a, b) un nombre fixé disons n d'événements se sont produits (mais en ignorant les dates d'arrivées) quelle information cela nous apporte-t-il sur les instants possibles où les événements se sont produits.

Soient $E_1 \ldots E_n$ les n événements qui se sont réalisés.

La probabilité que E_1 ait lieu entre t_1 et t_1+dt_1, E_2 entre t_2, t_2+dt_2, ..., E_n entre t_n, t_n+dt est

$$\Pr\ (E_1, \ldots, E_n) = \lambda e^{-\lambda(t_1-a)}\ \lambda e^{-\lambda(t_2-t_1)} \ldots \lambda e^{-\lambda(b-t_n)}\ dt_1 \ldots dt_n$$

$$= \lambda^n\ e^{-\lambda(b-a)}\ dt_1 \ldots dt_n$$

D'autre part la probabilité que n événements se produisent sur (a, b) est $\dfrac{e^{-\lambda(b-a)}\ \lambda^n (b-a)^n}{n!}$.

D'où par définition on a, en faisant le quotient

$$\Pr\left[E_1 \ldots E_n / n \text{ événements sur } (a,b)\right] = n!\ \frac{dt_1}{b-a}\ \frac{dt_2}{b-a} \ldots \frac{dt_n}{b-a}$$

Puisque $E_1\ E_2\ \dots\ E_n$ sont ordonnés (d'où le n!) on a donc démontré que la répartition des n points sur (a, b) lorsqu'on sait qu'il y en a exactement n sur l'intervalle ouvert est donc *uniforme*.

4.5. - PROCESSUS DE POISSON PAR GRAPPE OU POISSON COMPOSE

A chaque événement se produisant selon un processus de Poisson associons une variable aléatoire indépendante du processus et décrivant l'ampleur de l'événement. Par exemple l'arrivée des bateaux dans un port se fait selon un processus de Poisson et la variable associée sera le nombre de caisses contenues dans le bateau; ou bien pour un restaurant les clients arrivent par groupe de taille variable mais les instants d'arrivée de ces groupes correspondent à un processus de Poisson. On s'intéresse soit au nombre de caisses, soit au nombre de clients qui arrivent dans un intervalle donné (o, t).

Il faut donc chercher la loi de

$$S_N = X_1 + \dots + X_N$$

où N suit une loi de Poisson de paramètre λ et les variables aléatoires X_i sont supposées toutes de même loi et indépendantes.

$$P_K = \Pr\{S_N = K\} = \sum_{n=0}^{\infty} \Pr\{N = n\} \times \Pr\{X_1 + \dots + X_n = K\}$$

Soit g(s) la fonction génératrice des $\{P_K\}$ et h(s) la fonction génératrice associée à la loi des variables aléatoires X_i. Les variables aléatoires X_i étant indépendantes la fonction génératrice de $X_1 + \dots + X_n$ est $[h(s)]^n$.

D'où en multipliant la relation précédente par s^K et en sommant

$$g(s) = \sum_{n=0}^{\infty} \frac{(\lambda t)^n\ e^{-\lambda t}}{n!}\ h(s)^n$$

$$\Longrightarrow \boxed{g(s) = e^{-\lambda t(1-h(s))}} \quad \text{d'où } E(S_N) = \lambda t \; E(X_i)$$

Ce n'est donc en général jamais un processus de Poisson. Ce n'en est un que si $h(s) = p + qs$: cas de l'"effacement aléatoire" (avec probabilité p d'effacement) des événements engendrés par un processus de Poisson.

4.6. - PROCESSUS DE POISSON OBSERVE SUR UN INTERVALLE DE DUREE ALEATOIRE

Pour de nombreuses applications on est amené à connaître la loi de probabilité du nombre d'événements qui se produisent sur un intervalle de durée aléatoire, les événements se produisant selon un processus de Poisson (voir application en particulier dans les files d'attente).

Soit S la v.a. durée de l'intervalle d'observation. On supposera pour S une densité f(s) et une fonction caractéristique

$$\varphi(t) = E(e^{its}) = \int_0^\infty e^{its} f(s)\, ds$$

Le processus de Poisson est de densité λ. On suppose que les réalisations de S ne dépendent pas des réalisations du processus de Poisson.

Soit R la v.a. : nombre d'événements ainsi observés.

Donc $\Pr\{R = K \text{ et } s < S < s + ds\} = \Pr(s < S < s + ds)$

$$\times \Pr\{R = K/_{S = s}\} = f(s)\, ds \, \frac{e^{-\lambda s} (\lambda s)^K}{K!}$$

$$\Longrightarrow \quad P_K = \Pr(R = K) = \int_0^\infty \frac{e^{-\lambda s} (\lambda s)^K}{K!} f(s)\, ds$$

Soit $g_R(z)$ la fonction génératrice des P_K : $g_R(z) = \sum_{k=0}^{\infty} z^K P_K$

$$g_R(z) = \sum_K z^K \int_0^\infty \frac{e^{-\lambda s}(\lambda s)^K}{K!} f(s)\, ds = \int_0^\infty e^{-s} \left[\sum_K \frac{(z\lambda s)^K}{K!}\right] f(s)\, ds$$

L'interversion des sommations se justifiant facilement

$$\Longrightarrow g_R(z) = \int_0^\infty e^{-s(\lambda z - \lambda)} f(s)\, ds \Longrightarrow g_K(z) = \varphi_S[-i\lambda(z-1)]$$

D'où on a en particulier

$E(R) = \lambda\, E\,(S)$	Variance de $R = \lambda E\,(S) + \lambda^2\, \mathrm{Var}\,(S)$

4.7. - SUPERPOSITION DE PROCESSUS DE POISSON INDEPENDANTS

Nature du processus résultant

Soient K processus de Poisson de paramètres $\lambda_1, \lambda_2, \ldots \lambda_K$ et $N(t, t+dt)$ le nombre total d'événements d'un type quelconque $(1, 2, \ldots K)$ qui se sont produits pendant $(t, t+dt)$ et $N^{(i)}(t, t+dt)$ le nombre d'événements de type i (paramètre λ_i) observés pendant l'intervalle $(t, t+dt)$. On a

$$\Pr\{N(t, t+dt) = 0\} = \prod_{i=1}^{K} \Pr\{N^{(i)}(t, t+dt) = 0\} = \prod_{i=1}^{K} (1 - \lambda_i\, dt + o(dt))$$

$$= 1 - \lambda\, dt + o\,(dt) \text{ avec } \lambda = \sum_{i=1}^{K} \lambda_i$$

De plus :

$$\Pr\{N(t, t+dt) = 1\} = \sum_{i=1}^{K} \left[\Pr\{N^{(i)}(t, t+dt) = 1\} \prod_{j \neq i} \Pr\{N^{(j)}(t, t+dt) = 0\}\right]$$

$$= \sum_{i=1}^{K} \left[\lambda_i\, dt \prod_{j \neq i} (1 - \lambda_j\, dt + o(dt))\right] = \lambda dt + o(dt)$$

et de même

$$\Pr\{N(t, t+dt) > 1\} = o(dt).$$

De plus il est clair que $N(t)$ est un processus à accroissements indépendants et que N(t, t+T) ne dépend que de T et pas de t ni de N(t). Donc

Théorème

La superposition de processus de Poisson indépendants est un processus de Poisson dont le paramètre est la somme des paramètres.

<u>Reconstitution des processus de départ à partir du processus résultant</u>

D'après ce qui précède on sait que quelle que soit l'époque d'observation la durée de l'attente Y jusqu'au prochain événement pour le processus composé est une loi exponentielle de paramètre λ; le temps d'attente Y_i jusqu'à un événement de type i est une loi exponentielle de paramètre λ_i.

La probabilité que le premier événement observé soit de type K est

$$\Pr \{Y_K = x,\ Y_i > x \quad i \neq K / _{Y = x}\}$$

$$= \frac{\lambda_K\, e^{-\lambda_k x} \prod_{i \neq K} e^{-\lambda_i x}}{\lambda\, e^{-\lambda x}} = \frac{\lambda_K}{\lambda} \text{ indépendant de x.}$$

Donc si on dispose d'une chronique de réalisations du processus résultant on affectera un type à chacune de ces réalisations selon la loi multinominale de paramètre $\frac{\lambda_i}{\lambda}$, ..., $\frac{\lambda_K}{\lambda}$ c'est-à-dire que chaque événement sera par exemple de type i avec la probabilité $\frac{\lambda_i}{\lambda}$ et on obtiendra alors une réalisation des K processus initiaux.

Ce résultat sera utilisé aux chapitres 5 et 6 et permet une simulation numérique aisée de processus de Poisson observés simultanément.

4.8. - EXERCICES

4.A Un appareil a une durée de vie aléatoire dont la densité est $\lambda e^{-\lambda x}$. Dès qu'il tombe en panne il est immédiatement remplacé par un appareil identique.

a) Quelle est la probabilité que l'appareil en service à l'instant t, tombe en panne à un instant supérieur à t-s (s donné). Qu'en conclure ?

b) Si l'on dispose de trois appareils, quelle est la loi de probabilité du temps total de service ?

c) Le premier appareil est en service à l'instant t. Quelle est la loi de probabilité de l'époque où il est tombé en panne sachant que le deuxième est tombé en panne à l'intant $\theta (\theta > t)$?

4.B. Des points sont répartis dans l'espace (R^3) selon un processus de Poisson homogène de densité λ. Soit 0 un point donné de R^3. Quelle est la densité de probabilité de R, variable aléatoire représentant la distance à 0 du point le plus proche de 0 généré par le processus ?

4.C. Soit X(t) le nombre d'événements qui se passent dans un processus de Poisson de densité λ pendant l'intervalle (0, t). Déterminer le coefficient de corrélation entre X(t) et $X(t+\tau)$ $(\tau > 0)$.

4.D. Soit une suite d'événements E_1, E_2, ... obéissant à un processus de Poisson de paramètre λ constant. Soit T_i la date de réalisation de E_i. Etudier le processus résultant lorsqu'on effectue l'une des opérations suivantes :

a) On supprime chaque événement avec la probabilité p, les suppressions étant indépendantes entre elles.

b) On supprime les événements de rang impair (E_1, E_3, E_5 ...).

c) On décale la date T_i de réalisation de E_i (pour tout i) d'une quantité K constante.

d) On décale la date T_i de réalisation de E_i (pour tout i) d'une quantité aléatoire K positive dont la densité de probabilité g(x) est indépendante de i.

e) Soit M_n le point milieu de $E_n E_{n+1}$ et soit v_n la longueur de l'intervalle $M_n M_{n+1}$ (v_n est une variable aléatoire). Calculer les coefficients de corrélation entre v_n et v_{n+1}, puis entre v_n et v_{n+2}. Calculer la loi de v_n.

4.E. Soit un processus de Poisson de paramètre λ. Sachant que n événements se sont produits dans un intervalle de longueur t, quelle est la densité de probabilité de la variable aléatoire : instant où se produit le $r^{ième}$ événement.

4.F. 1) Soit un processus de Poisson non homogène [mêmes hypothèses que pour un processus de Poisson homogène mais le taux d'apparition λ est remplacé par $\lambda(t)$]. Calculer la probabilité de k événements se produisant entre 0 et t.

2) Application. L'émission d'électrons de la cathode d'un tube électroniaue suit un processus de Poisson de densité λ. On suppose que les temps de parcours des électrons sont indépendants les uns des autres et ont chacun pour fonction de répartition F(x). On observe le phénomène pendant l'intervalle $(0, \infty)$ et on indique par X (t) le nombre d'électrons présents dans la cathode à l'instant t. Quelle est la loi de probabilité de X(t) ? Loi limite si $t \to \infty$. (On supposera que la moyenne de la distribution F(x) est finie).

4.G. Soit une machine fonctionnant de manière intermittente et pouvant avoir 3 états : panne, arrêt et marche.

1) Si la machine est en marche au temps t, il y a une probabilité γ dt + 0 (dt) qu'on décide de l'arrêter entre les instants t et t+dt et une probabilité λ dt + 0 dt qu'elle tombe en panne entre t et t+dt.
2) Si la machine est à l'arrêt au temps t, il y a une probabilité η dt + 0(dt) qu'elle soit remise en marche entre t et t+dt.
3) Si la machine tombe en panne, elle reste en réparation un temps constant K et est mise ensuite dans l'état arrêt.

La machine est supposée à l'arrêt au temps 0. On définit la durée de vie apparente comme l'intervalle de temps entre la remise à l'état arrêt après une réparation (ou le temps 0) et l'instant où la machine retombe en panne.

a) Calculer la fonction de répartition de cette durée de vie apparente D. (On cherchera un système différentiel).
b) En déduire la moyenne et la variance de cette durée de vie apparente.

Exemple de fonctionnement :

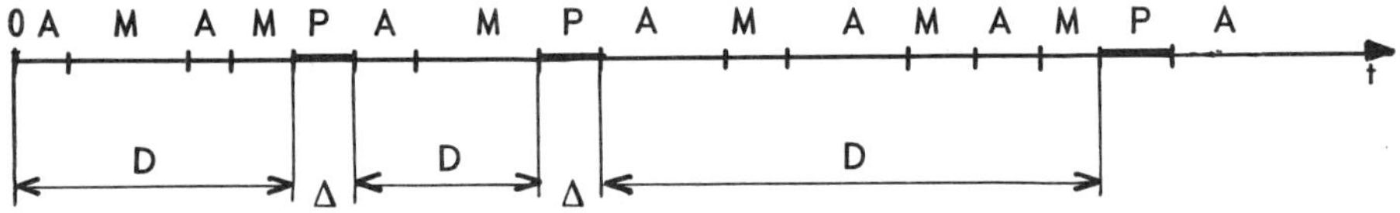

CHAPITRE 5

PROCESSUS DE MARKOV A ESPACE D'ÉTATS DISCRET

5.1. - INTRODUCTION

Dans le chapitre précédent nous avons étudié le processus de Poisson pour lequel les nouveaux événements se produisent au hasard et indépendamment de l'état présent ou passé. Mais dans de nombreux problèmes concrets - et nous en présenterons quelques exemples - la "naissance" de nouveaux "individus" ou la "disparition" d'individus existants dépend d'une certaine façon de la taille de la population à l'instant considéré. Certains modèles de processus de vie et de mort sont compliqués et nous nous bornerons à l'étude de quelques modèles assez simples que le lecteur pourra ultérieurement développer.

5.2. - PROCESSUS DE NAISSANCE

Il peut se présenter comme une généralisation du processus de Poisson en remplaçant les hypothèses 2 et 3 par la suivante :

H'_2 : *Si à l'instant* t *le système est en l'état* n $(n = 0,1,2...)$ *alors la probabilité qu'entre* t, $t + \Delta t$ *un événement se produise, c'est-à-dire une transition de* n *à* $n + 1$, *est* $\lambda_n \Delta t + o(\Delta t)$; *la probabilité de plus d'un événement est* $o(\Delta t)$.

Remarque

Le temps passé dans un état quelconque ne joue aucun rôle. Les changements d'état sont soudains, d'amplitude égale à 1 mais entre deux changements il ne se passe rien et le système ne "vieillit" pas en quelque sorte pendant ce temps "inactif".

Soit X(t) l'état du système à l'instant t (t continu) et

notons $P_n(t) = \Pr\ \{X(t) = n\}$

On a en utilisant les hypothèses H_1 et H'_2 :

$$P_n(t+\Delta t) = P_n(t)\ [1-\lambda_n\ \Delta t] + P_{n-1}(t)\ \lambda_{n-1}\ \Delta t + o(\Delta t)$$

$$(5.1) \Longrightarrow \boxed{\begin{array}{ll} P'_n(t) = -\lambda_n P_n(t) + \lambda_{n-1} P_{n-1}(t) & n \geqslant 1 \\ P'_o(t) = -\lambda_o P_o(t) & \end{array}}$$

A partir d'une condition initiale portant sur X(o) on peut intégrer de proche en proche ce système d'équations différentielles linéaires d'ordre un.

<u>Cas particulier : le processus de Yule</u>

Yule (1924) dans ses études sur l'évolution des populations a utilisé le cas $\lambda_n = n\lambda$.

L'état initial $X(0) = i \neq 0$

X(t) est la taille d'une population, à l'instant t, dont les individus peuvent chacun et indépendamment les uns des autres donner naissance à un individu nouveau avec un taux λ.

Si la taille initiale X(0) est i, à l'instant t : X(t) sera la somme de i v.a. indépendantes chacune d'elles correspondant à toute la "descendance" de l'individu initial.

Or si $X(0) = 1 \Longrightarrow P(X(t) = n) = e^{-\lambda t}(1-e^{-\lambda t})^{n-1}$ comme on peut le vérifier directement.

La fonction génératrice est :

$$\sum_{n=1}^{\infty} z^n\ P_n(t) = z\ e^{-\lambda t}[1-z(1-e^{-\lambda t})]^{-1}$$

Donc si X(0) = i la fonction génératrice de $P_n(t)$ sera

$$z^i\ e^{-i\lambda t}\ [1 - z(1-e^{-\lambda t})]^{-i}$$

D'où en développant on a pour loi de ce processus :

(5.2)
$$P_n(t) = \binom{n-1}{n-i} e^{-i\lambda t} (1-e^{-\lambda t})^{n-i} \qquad n \geqslant i \quad \begin{pmatrix}\text{loi binominale} \\ \text{négative}\end{pmatrix}$$
$$P_n(t) = 0 \qquad n < i$$

Processus de naissance divergents

Revenant au cas λ_n quelconque on a vu qu'on pouvait résoudre de proche en proche les équations différentielles donnant $P_n(t)$. Certes, mais aura-t-on

$$\sum_n P_n(t) = 1 \;? \qquad \forall t.$$

Il se pourrait que la distribution de $P_n(t)$ soit "dégénérée". En fait on peut montrer que si λ_n croît assez vite on a

$\sum_n P_n(t) < 1$: il y a une masse ponctuelle à l'infini : le processus est divergent.

Raison intuitive

Le temps de séjour T_n dans l'état n est donné par une loi exponentielle de paramètre λ_n. Donc $E(T_n) = \frac{1}{\lambda_n}$ et le temps total pour le passage à travers les états 0,1,2, ..., n, est $T_0 + T_1 + \ldots + T_n$ dont la valeur moyenne est $\sum_i \frac{1}{\lambda_i}$. Or si le processus est divergent cela veut dire que les états 1,2, ... n, ... sont parcourus en un temps fini d'où le résultat suivant qu'on ne démontrera pas.

La condition nécessaire et suffisante pour que le processus soit convergent ($\sum_n P_n(t) = 1$) est que $\sum_{i=1}^{\infty} \frac{1}{\lambda_i} = \infty$ (il faut que la croissance de λ_i soit au plus linéaire).

Exemple

Considérons le processus de naissance divergent défini par $\lambda_n = n^2$

Désignons par L(t) la probabilité qu'une population de taille infinie soit atteinte en un temps inférieur à t. On obtient le tableau suivant qui illustre bien le caractère de processus divergent.

(5.3)

t	$\frac{1}{2}$	1	2	3	6	10
L(t)	0,04	0,30	0,73	0,90	0,99	1,00

5.3. - PROCESSUS DE VIE ET DE MORT

Equations d'évolution

Le processus de naissance pure ne permet pas de changer la taille de la population en faisant disparaître certains de ses membres. Aussi va-t-on autoriser à la fois les transitions supérieures $n \to n+1$ et inférieures $n \to n-1$. Donc on remplacera l'hypothèse H_2' par la suivante.

H_2'' : Si à l'instant t le système est en l'état n (n=0,1,2...) alors la probabilité qu'entre (t, t+Δt) une "naissance" se produise (n → n+1) est $\lambda_n \Delta t + o(\Delta t)$, si l'état est n=1,2,...) la probabilité d'une mort (n → n-1) est $\mu_n \Delta t + o(\Delta t)$. La probabilité que pendant cet intervalle se produisent plus d'une naissance, plus d'une mort, ou simultanément une naissance et une mort est o(Δt).

Si $P_n(t) = \Pr\{X(t) = n\}$ on a

$$P_n(t+\Delta t) = P_n(t)\left[1-\lambda_n\Delta t-\mu_n\Delta t\right] + \lambda_{n-1}\Delta t\, P_{n-1}(t)+\mu_{n+1}\Delta t\, P_{n+1}(t)+o(\Delta t)$$

D'où le système (5.4)

$$P'_n(t) = -(\lambda_n+\mu_n)\, P_n(t) + \lambda_{n-1}\, P_{n-1}(t) + \mu_{n+1}\, P_{n+1}(t) \;;\; n \geqslant 1$$

$$P'_0(t) = -\lambda_0\, P_0(t) + \mu_1\, P_1(t)$$

$$P_n(o) = \delta_{ni}$$

$$\delta_{ni} = \begin{cases} 1 \text{ si } X(o) = i \text{ et } n = i \\ 0 \text{ sinon} \end{cases}$$ traduisant la condition initiale $X_o = i$

Pour les conditions concernant la solution d'un tel système nous ferons appel au théorème suivant que nous ne démontrerons pas.

Théorème

Avec des coefficients arbitrairement fixés $\lambda_n \geqslant 0$, $\mu_n \geqslant 0$ *il existe toujours une solution positive* $P_n(t)$ *telle que* $\sum_n P_n(t) \leqslant 1$.

Si les coefficients sont bornés ou de croissance assez lente cette solution est unique et vérifie $\sum_n P_n(t) = 1$.

En théorie il est possible de choisir λ_n et μ_n de telle façon que $\sum_n P_n(t) < 1$ et qu'il existe une infinité de solutions.

Mais ceci est rarement rencontré dans les applications pratiques.

Distribution limite

Comme dans les chaînes de Markov il est naturel de se poser la question d'une limite de $P_n(t)$ lorsque $t \to \infty$.

Tout d'abord remarquons que si $\lambda_o = 0$ la transition $0 \to 1$ est impossible et l'état 0 est un état absorbant.

Condition nécessaire d'existence d'un état d'équilibre

Si $P_n(t) \xrightarrow[t\to\infty]{} \Pi_n$ quelles que soient les conditions initiales alors d'après le système écrit en (5.4) on a :

$$0 = -(\lambda_n + \mu_n)\,\Pi_n + \lambda_{n-1}\,\Pi_{n-1} + \lambda_{n+1}\,\Pi_{n+1}$$

$$0 = -\lambda_0\,\Pi_0 + \mu_1\,\Pi_1$$

avec la condition $\sum_{n=0}^{\infty} \Pi_n = 1$

D'où $\Pi_0 = \frac{1}{S}$, ... $\Pi_n = \frac{1}{S}\,\frac{\lambda_0\,\lambda_1\,\dots\,\lambda_{n-1}}{\mu_1\,\mu_2\,\dots\,\mu_n}$

où $S = \sum_{n=0}^{\infty} \frac{\lambda_0\,\dots\,\lambda_{n-1}}{\mu_1\,\dots\,\mu_n}$ avec $\lambda_{-1} = 1$

D'où une condition nécessaire d'équilibre est que S soit finie donc que la série de terme général

$$u_n = \frac{\lambda_0\,\dots\,\lambda_{n-1}}{\mu_1\,\dots\,\mu_n} \quad \textit{soit convergente.}$$

En pratique cette condition sera de plus très souvent suffisante. Les quatre cas particuliers suivants de processus markoviens sont importants.

1) $\lambda_n = \lambda$: "immigration" au taux λ (processus de Poisson).

2) $\lambda_n = n\lambda$: naissance au taux λ par individu présent (processus de Yule).

3) $\mu_n = \mu$ $(\mu_0 = 0)$: "émigration" au taux μ.

4) $\mu_n = n\mu$: "décès" au taux μ par individu présent.

Nous allons étudier quelques mélanges de ces cas.

5.4. - PROCESSUS DE VIE ET DE MORT LINEAIRE

Formulation et résolution

$$\lambda_n = n\lambda \qquad\qquad \mu_n = n\mu$$

Chaque individu présent peut donner naissance à un nouvel individu au taux λ, il peut disparaître au taux μ.

Ceci est équivalent à avoir les intervalles entre événements distribués exponentiellement avec le paramètre $n(\lambda+\mu)$; la probabilité que l'événement soit une naissance est $\frac{\lambda}{\lambda+\mu}$, une mort $\frac{\mu}{\lambda+\mu}$ et il y a absorption en 0. Si $X(t)$ représente la taille de la population à l'instant t l'équation à résoudre est

$$P'_n(t) = - n(\lambda+\mu)\, P_n(t) + (n-1)\lambda\, P_{n-1}(t) + (n+1)\mu\, P_{n+1}(t)$$

$$n = 0, 1, 2, \ldots$$

avec $\quad p_{-1}(t) \equiv 0$

et si n_o individus sont présents à $t = 0$ cela entraîne

$$P_i(o) = \delta_{in_o}$$

La technique pour résoudre cette équation différentielle aux différences est d'éliminer l'indice n en utilisant les fonctions génératrices soit

$$G(z,t) = \sum_{n=0}^{\infty} z^n P_n(t)$$

D'où on obtient

$$\frac{\partial G(z,t)}{\partial t} = (\lambda z - \mu)(z - 1) \frac{\partial G(z,t)}{\partial t}$$

Cette équation est du type

$$A(z)G + B(z) \frac{\partial G}{\partial z} + C \frac{\partial G}{\partial t} = 0$$

qu'on résoud en utilisant les équations auxiliaires

$$\frac{dG}{-G.A(z)} = \frac{dz}{B(z)} = \frac{dt}{C(z)}$$

La condition initiale est $X(0) = n_o$ d'où $G(z,o) = z^{n_o}$

et en utilisant la méthode de la "variation de la constante" on obtient

$$(5.5) \qquad \boxed{G(z,t) = \left[\frac{(\lambda z-\mu)\ e^{-t(\lambda-\mu)} - \mu(z-1)}{(\lambda z-\mu)\ e^{-t(\lambda-\mu)} - \lambda(z-1)}\right]^{n_o}}$$

Résultats sur la probabilité d'absorption

L'absorption n'est possible que dans l'état 0. La probabilité que cette absorption ait eu lieu au plus tard à l'instant t est $p_o(t)$ c'est donc $G(o,t)$ soit

$$\left[\frac{-\mu\ e^{-t(\lambda-\mu)} + \mu}{-\mu\ e^{-t(\lambda-\mu)} + \lambda}\right]^{n_o} \qquad \text{si } \lambda \neq \mu.$$

$$\left[\frac{\lambda t}{1 + \lambda t}\right]^{n_o} \qquad \text{si } \lambda = \mu.$$

Remarquons qu'en faisant $n_o = 1$ on obtient pour un individu d'origine la probabilité que lui et sa progéniture soient éteints au plus tard à l'instant t c'est-à-dire la fonction de répartition de la "variable aléatoire" date d'absorption (cette variable aléatoire n'en est vraiment une que si $\lambda \leqslant \mu$ d'après ce qui suit)

En effet si $t \to \infty$ on a le résultat suivant

(5.6)

$t \to \infty$	Probabilité d'absorption = 1		si $\lambda \leqslant \mu$
	" "	$\left(\frac{\mu}{\lambda}\right)^{n_o}$	si $\lambda > \mu$

Remarquons qu'on peut associer à ce processus une chaîne de Markov obtenue en observant le processus à chaque changement d'état. Les probabilités de transition sont $n \to n+1 : \frac{\lambda}{\lambda+\mu} = p$, $n \to n-1 : \frac{\mu}{\lambda+\mu} = q$ sauf pour $0 \to 0$ auquel cas la probabilité de transition est égale à 1.

Cette chaîne de Markov est aussi une promenade aléatoire sur les entiers avec barrière absorbante en 0. Et on sait que la probabilité d'être absorbé en 0, partant de n_o, est $\left(\frac{q}{p}\right)^{n_o}$ si $q < p$ et 1 si $q \geqslant p$. Les probabilités limites sont donc les mêmes pour le processus continu et le processus discret associé.

Remarque

Si $M(t) = E\left[X(t)\right]$, on vérifiera que

$$M'(t) = (\lambda-\mu)\ M(t) \Longrightarrow M(t) = n_o\ e^{(\lambda-\mu)t}$$

5.5. - PROCESSUS D'IMMIGRATION ET DE DEPART

Formulation et résolution

Il est caractérisé par : $\lambda_n = \lambda$, $\mu_n = n\,\mu$.

Application

Des pannes d'appareils se produisent et ceux-ci arrivent en réparation au taux λ. La durée d'une réparation est une loi exponentielle de paramètre μ. Le nombre de réparateurs est illimité (on verra ensuite le cas d'un nombre limité de réparateurs) : il n'y a pas d'attente car chaque appareil est pris en réparation dès son arrivée (en pratique c'est souvent une bonne approximation.

Le système d'équations différentielles est

$$P'_n(t) = -\ (\lambda+n\mu)\ P_n(t) + \lambda\, P_{n-1}(t) + (n+1)\quad P_{n+1}(t) \qquad n = 0,1\ldots$$

avec $p_{-1}(t) \equiv 0$

et la condition initiale $p_{i_o}(t) = \delta_{in_o}$

Utilisant toujours la technique des fonctions génératrices

$$\Longrightarrow \frac{\partial G(z,t)}{\partial t} + \mu(z-1) \frac{\partial G(z,t)}{\partial z} - \lambda(z-1)\; G = 0$$

D'où les équations caractéristiques

$$\frac{dG}{+\lambda(z-1)G} = \frac{dz}{\mu(z-1)} = \frac{dt}{1}$$

qui conduisent à la solution

$$(5.7) \qquad \boxed{G(z,t) = \left[1+(z-1)\; e^{-\mu t}\right]^{n_0} \exp\left[\frac{\lambda}{\mu}\,(z-1)(1-e^{-\mu t})\right]}$$

Loi limite

la limite de $G(z,t)$ lorsque $t \to \infty$ est : $\exp\left[\frac{\lambda}{\mu}(z-1)\right]$ qui est la fonction génératrice d'une *loi de Poisson* ce qui se vérifie,

car $$S = \Sigma \frac{\lambda^n}{n!\;\mu^n} = e^{+\frac{\lambda}{\mu}}$$

$$\Longrightarrow \quad \Pi_n = \frac{e^{-\frac{\lambda}{\mu}}}{n!} \left(\frac{\lambda}{\mu}\right)^n$$

Mais $G(z,t)$ nous permet d'avoir des renseignements sur le régime transitoire.

Généralisation aux systèmes avec attente

Supposons que le nombre de réparateurs est limité à m. C'est aussi le cas d'un système téléphonique où, les appels arrivant au taux λ (le processus des appels est poissonnien), le nombre des lignes est m. Les durées des conversations sur chaque ligne sont des variables aléatoires indépendantes de même loi exponentielle de paramètre μ. Si un appel arrive lorsque toutes les lignes sont occupées il est mis en attente.

X(t) = nombre de lignes occupées ou si toutes sont occupées le nombre total de lignes et d'appels en attente.

D'où $\lambda_n = \lambda$ et $\mu_n = n\mu$ si $n \leqslant m$ et $\mu_n = n\mu$ sinon. La recherche de la condition d'équilibre conduit à S avec

$$S = \left(1 + \frac{\lambda}{\mu} + \ldots + \frac{\lambda^m}{m!\,\mu^m} + \frac{1}{m!}\left(\frac{\lambda}{\mu}\right)^{m+1}\frac{1}{m} + \ldots + \frac{1}{m!}\left(\frac{\lambda}{\mu}\right)^{m+k}\frac{1}{m^K} + \ldots\right)$$

$$S < \infty \text{ si } \sum_{K=1}^{\infty}\left(\frac{\lambda}{m\mu}\right)^K < \infty$$

D'où $\dfrac{\lambda}{m\mu} < 1$

Donc si $\lambda \geqslant m\,\mu$ il n'y a pas de distribution d'équilibre : petit à petit la taille de la file d'attente devient infinie.

Si $\lambda < m\,\mu$ l'équilibre correspond à

$$\Pi_n = \frac{1}{S}\,\frac{1}{n!}\left(\frac{\lambda}{\mu}\right)^n \qquad \text{si } n \leqslant m$$

$$\Pi_n = \frac{1}{S}\,\frac{1}{m!\,m^{-m}}\left(\frac{\lambda}{m\mu}\right)^n \qquad \text{si } n > m$$

Exemple numérique pour $\dfrac{\lambda}{\mu} = \dfrac{3}{2}$; $m = 3$

(5.8)

n	0	1	2	3	4	5	6	7
Lignes occupées	0	1	2	3	3	3	3	3
Appels en attente	0	0	0	0	1	2	3	4
Π_n	0,211	0,316	0,237	0,118	0,059	0,030	0,015	0,007

Il y a donc 76 chances sur 100 pour que personne n'attende.

Généralisation à des systèmes sans attente

Prenons toujours l'exemple téléphonique avec m lignes au total mais on suppose que tout appel se produisant alors que les m lignes sont occupées est perdu. Il n'y a donc pas d'attente. Dans ce cas X(t) = nombre de lignes occupées à l'instant t.
On a

$$\lambda_n = \begin{cases} \lambda & \text{si } n < m \\ 0 & \text{si } n \geq m \end{cases} \qquad \mu_n = n\mu \qquad n = 0,1,\ldots,m$$

On a évidemment $X(t) \leq m$.

$$S = \sum_{j=0}^{m} \frac{1}{j!} \left(\frac{\lambda}{\mu}\right)^j$$

$$\Longrightarrow \Pi_n = \frac{\frac{1}{n!}\left(\frac{\lambda}{\mu}\right)^n}{S} = \frac{e^{-\frac{\lambda}{\mu}} \frac{1}{n!}\left(\frac{\lambda}{\mu}\right)^n}{\sum_{j=0}^{m} e^{-\frac{\lambda}{\mu}} \frac{1}{j!}\left(\frac{\lambda}{\mu}\right)^j}$$

C'est une distribution de Poisson tronquée.

Notons que Π_m est la probabilité que toutes les lignes soient occupées, donc qu'un appel soit perdu.

5.6. - LE MODELE DES ATELIERS DE PRODUCTION

Cas d'un seul réparateur

Dans un atelier il y a m machines identiques. Pour chacune d'elles la durée de fonctionnement sans panne est une loi exponentielle de paramètre λ. La durée de réparation de la panne est une loi exponentielle de paramètre μ. Chaque machine est remise en service dès sa réparation terminée. Les machines fonctionnent indépendamment les unes des autres et attendent leur dépannage lorsque le réparateur est occupé ; X(t) est le nombre de machines

en panne à l'instant t. La différence essentielle avec l'application signalée au § 5.5 est que le nombre de machines servant de source pour l'atelier est maintenant limité ce qui se traduit en particulier par λ_n décroissant en fonction de n ($\lambda_m = 0$) ; donc la file d'attente a une taille maximum égale à m.
$\lambda_n = (m-n)\lambda$ puisque chacune des (m-n) machines encore en activité peut tomber en panne et $\mu_n = \mu$ puisqu'il y a toujours une machine en réparation pour $1 \leqslant n \leqslant m$; on a toujours $\mu_o = 0$.

Le nombre d'états est fini (n = 0,1,2,...m) et le système différentiel déduit des formules (5.4) peut se résoudre numériquement. Quant au régime d'équilibre, on sait qu'il existe puisque le nombre d'états est fini

$$S = \sum_{j=0}^{m} \frac{m!}{(m-j)!} \left(\frac{\lambda}{\mu}\right)^j$$ d'où la distribution d'équilibre

$$\Pi_n = \frac{\frac{m!}{(m-n)!} \left(\frac{\lambda}{\mu}\right)^n}{\sum_{j=0}^{m} \frac{m!}{(m-j)!} \left(\frac{\lambda}{\mu}\right)^j} \qquad n = 0,1,\ldots m$$

On en déduit

$$\Pi_m = \left[\sum_{j=0}^{m} \frac{1}{j!} \left(\frac{\mu}{\lambda}\right)^j \right]^{-1}$$

c'est la probabilité que toutes les machines soient en panne. Cette formule est connue sous le nom de *Formule de perte d'Erlang*.

Exemple numérique $\frac{\lambda}{\mu} = 0,1 \quad m = 5$

(5.9)

Nombre de machines en panne	0	1	2	3	4	5
Nombre de machines en attente de réparation	0	0	1	2	3	4
Π_n	0,5640	0,2820	0,1128	0,0338	0,0067	0,0007

Le nombre moyen de machines en attente de réparation est

$$\sum_{n=0}^{m-1} n\, \Pi_{n+1} = m - \frac{\lambda+\mu}{\lambda}(1 - \Pi_o)$$

soit pour l'exemple 0,20.

Cas de s réparateurs

Les formules précédentes se généralisent facilement au cas de s serveurs en posant

$$\lambda_n = (m-n)\lambda \qquad \mu_n = \begin{cases} n\mu & n \leqslant s \\ s\mu & s \leqslant n \leqslant m \end{cases}$$

On peut donc écrire les équations d'équilibre et les résoudre.

Pour une étude plus complète de ce cas on se reportera à Feller [5] Tome 1, chapitre XVII.

5.7. - AUTRE FORMULATION DES PROCESSUS DE NAISSANCE ET DISPARITION

Nous pouvons regrouper les cas particuliers de processus markoviens étudiés dans ce chapitre de la façon suivante.

Remarquons d'abord que si $X(t)$ désigne l'état du système à l'instant t, en général le nombre "d'individus" présents à l'instant t, la distribution de probabilité associée dépend de l'état initial ; on note par $p_{ij}(t) = \Pr \{X(t) = j/X(o) = i\}$

et $I_i(t) = \{p_{io}(t), p_{ii}(t), \ldots, p_{ij}(t) \ldots\}$

et soit

$$Q = \begin{bmatrix} -\lambda_o & \lambda_o & 0 & 0 & 0 & & \\ \mu_1 & -(\lambda_1+\mu_1) & \lambda_1 & 0 & 0 & & \\ 0 & \mu_2 & -(\lambda_2+\mu_2) & \mu_2 & 0 & & \bigcirc \\ 0 & 0 & \mu_3 & -(\lambda_3+\mu_3) & \lambda_3 & & \\ & & \ddots & \ddots & \ddots & & \\ & \bigcirc & & \mu_n & -(\lambda_n+\mu_n) & \lambda_n & \\ & & & & \ddots & \ddots & \ddots \end{bmatrix}$$

Les équations (5.4) s'écrivent

$$I_i'(t) = I_i(t)\ Q$$

ou encore pour regrouper toutes les situations initiales possibles on écrira

$$I(t) = \begin{bmatrix} I_o(t) \\ \cdot \\ \cdot \\ \cdot \\ \cdot \\ I_n(t) \\ \cdot \\ \cdot \\ \cdot \\ \cdot \end{bmatrix} \quad \text{avec } I(0) = U \text{ (matrice unité).}$$

D'où $\boxed{I'(t) = I(t)\ Q}$

La solution de ce système d'équations différentielles est

$$I(t) = e^{Q(t)} = \sum_{n=0}^{\infty} Q^n \frac{t^n}{n!} \quad \text{(lorsque ceci a un sens)}$$

avec $I(0) = U$.

Notons que

- la matrice Q a toutes ses lignes de somme nulle ;
- d'après la signification de λ_i et μ_i on a

$$p_{i,i+1}(\Delta t) = \lambda_i \Delta t + o(\Delta t) = q_{i,i+1}\Delta t + o(\Delta t)$$

$$p_{i,i-1}(\Delta t) = \mu_i \Delta t + o(\Delta t) = q_{i,i-1}\Delta t + o(\Delta t)$$

$$p_{i,i}(\Delta t) = 1 - (\lambda_i+\mu_i)\Delta t + o(\Delta t) = 1 + q_{ii}\Delta t + o(\Delta t)$$

donc si $q_{ii} = 0$ l'état i est un état absorbant.

- $q_{i,i-1} + q_{ii} + q_{i,i+1} = 0 \Leftrightarrow p_{i,i-1}(\Delta t) + p_{i,i}(\Delta t) + p_{i,i+1}(\Delta t) = 1$

puisque l'état i a un successeur (qui peut être lui-même) :
le processus est dit conservatif.

L'étude plus complète de la solution de $I'(t) = I(t)Q$ peut être étendue à des processus de Markov plus généraux que ceux de naissance et disparition. En effet :

Généralités sur les processus de Markov (états discrets, temps continu)

Soient $\{0, 1, \ldots i, \ldots j, \ldots\}$ l'ensemble des états.

La connaissance des fonctions $p_{ij}(t) = \Pr \{X(t) = j/X(0)\}$ pour tout t, et de l'état initial X(0) permet de définir un processus de Markov homogène (ou à probabilité de transition stationnaire) c'est-à-dire tel que :

$$p_{ij}(t) = \Pr \left\{X(t+u) = j/X(u) = i\right\} \text{ est indépendante de } u.$$

Comme pour les chaînes de Markov on a les conditions suivantes sur les fonctions $p_{ij}(t)$.

$$0 \leqslant p_{ij}(t) \leqslant 1$$

$$p_{iK}(t) = \sum_j p_{ij}(u)\, p_{jK}(t-u) \qquad (t > u) \text{ qui est}$$

l'équation de Chapman Kolmogoroff.

En général $\sum_j p_{ij(t)} = 1$ pour tout t ; si pour certains i et t on a $\sum_j p_{ij}(t) < 1$ le processus est dégénéré et il y a alors une probabilité non nulle d'une dérive vers l'infini.

De plus on suppose l'existence d'une matrice Q telle que pour Δt assez petit on puisse écrire

$$p_{ij}(\Delta t) = q_{ij}\,\Delta t + o(\Delta t) \qquad (i \neq j)$$

$$p_{ii}(\Delta t) = 1 + q_{ii}\,\Delta t + o(\Delta t).$$

On suppose que q_{ii} est fini (le cas $q_{ii} = -\infty$ quoique théoriquement possible conduit à la notion d'état instantané, source de difficultés théoriques, mais est peu rencontré si ce n'est pas du tout dans les applications concrètes).

De même on se limitera à des processus dits *conservatifs* c'est-à-dire ne pouvant disparaître instantanément à l'infini donc tel que tout état i à l'instant t a un successeur à $t + \Delta t$ d'où

$$q_{ii} + \sum_{j \neq i} q_{ij} = 0.$$

En général la donnée d'une telle matrice Q définit le processus mais pour de nombreux cas - pathologiques mais théoriquement intéressants - l'existence et l'unicité du processus de Markov associés à la donnée de Q est une question à laquelle la réponse est compliquée.

On peut ensuite procéder de deux façons pour obtenir une équation différentielle que vérifient les $p_{ij}(t)$.

Equations différentielles en avant ou du futur

Utilisant un raisonnement souvent employé dans ce chapitre et le précédent on obtient en analysant toutes les transitions possibles entre t et t + dt à partir de l'état i à l'instant t

$$p_{iK}(t+\Delta t) = p_{iK}(t)\,\{1 + q_{KK}\,\Delta t\} + \sum_{j \neq K} p_{iK}(t)\,q_{jK}\,\Delta t + o(\Delta t)$$

d'où $$p'_{iK}(t) = \sum_j p_{ij}(t)\, q_{jK}$$

soit en utilisant les notations précédentes

$$I'_i(t) = I_i(t)Q$$

et on retrouve dans ce cadre plus général ce qui a été écrit pour les processus de vie et de mort soit $\boxed{I'(t) = I(t)Q}$.

Ces équations différentielles ont donc été obtenues par "variation à l'instant t". On peut aussi faire "varier l'instant origine" et on en déduit les équations différentielles en arrière.

Equations différentielles en arrière ou du passé

Le processus étant homogène on a :

$$p_{ij}(t+\Delta t) = \Pr\{X(t+\Delta t) = j/X(0) = i\} = \Pr\{X(t) = j/X(-\Delta t) = i\}$$

$$p_{ij}(t+\Delta t) = \sum_K \Pr\{X(t) = j/X(0) = K\} \Pr\{X(0) = K/X(-\Delta t) = i\}$$

$$= p_{ij}(t)\{1 + q_{ii}\Delta t\} + \sum_{K \neq i} p_{Kj}\, q_{iK}\, \Delta t + o(\Delta t)$$

$$\Longrightarrow p'_{ij}(t) = \sum_K q_{iK}\, p_{Kj}(t)$$

D'où avec les notations précédentes

$$\boxed{I'(t) = Q\, I(t)}$$

Lorsque la matrice Q est finie c'est-à-dire lorsque le nombre d'états du processus est fini les équations différentielles en avant et en arrière ont la même solution :

$$I(t) = e^{Qt} = \sum_{n=0}^{\infty} Q^n \frac{t^n}{n!} \quad \text{avec } I(0) = U$$

Si la matrice Q est infinie (processus à une infinité dénombrable d'états) cette solution n'est valable que si la norme de Q est bornée.

Nous allons expliciter la solution dans le cas d'une matrice Q finie.

5.8. - RESOLUTION DES PROCESSUS MARKOVIENS A NOMBRE FINI D'ETATS

Supposons que Q ait n valeurs propres toutes distinctes $s_1, \ldots, s_n$. Alors puisque $q_{ij} \geqslant 0$ et que $q_{ii} = \sum_{j \neq i} q_{ij}$

on en déduit que l'une des valeurs propres est nulle (par exemple $s_1 = 0$) et que les autres ont leur partie réelle qui est négative (ceci peut être démontré très simplement à partir du résultat de Gershgorin selon lequel toutes les valeurs propres sont dans le domaine constitué par la réunion des cercles centrés en q_{ii} - qui est négatif - et de rayon $\sum_{j \neq i} q_{ij}$, donc passant par l'origine).

Désignons par M et N les matrices formées par les vecteurs propres à droite et à gauche de la matrice Q ; on sait que

$$Q = M \text{ diag } (s_1, s_2, \ldots s_n) N'$$

avec $M N' = U$.

D'où $\quad I(t) = M \text{ diag } (e^{s_1 t}, \ldots, e^{s_n t}) N'$ avec $I(o) = U$

lorsque $\quad t \to \infty \quad e^{s_i t} \to 0 \quad$ pour $i \neq 1$ et $e^{s_1 t} = 1$

Or comme le vecteur propre à droite correspondant à la valeur propre zéro a toutes ses composantes égales on en déduit que I(t) tend pour $t \to \infty$ vers le vecteur propre à gauche - convenablement normé - correspondant à la valeur propre zéro de la matrice Q. On retrouve ainsi la distribution asymptotique limite Π explicitée à plusieurs reprises dans ce chapitre.

De plus c'est aussi une distribution d'équilibre; en effet $\Pi Q = 0$ par définition $\Longrightarrow \Pi Q^n = 0 \quad \forall n$ et donc si Π est la distribution initiale, $\Pi I(t)$ sera la distribution à l'instant t et comme $I(t) = \sum_{n=0}^{\infty} Q^n \frac{t^n}{n!}$ on en déduit que $\Pi I(t) = \Pi$.

De plus on complétera l'analogie avec le résultat sur les chaînes de Markov en notant que si on définit la variable aléatoire indicatrice

$$X_j(t) = \begin{cases} 1 & \text{si } X(t) = j \\ 0 & \text{autrement} \end{cases}$$

alors la proportion du temps passé en l'état j sur une période de longueur T :

$$A_j(T) = \frac{1}{T}\int_0^T X_j(t)\, dt.$$

est telle que $E\left[A_j(T)\right] \xrightarrow[T\to\infty]{} \Pi_j$ et $\text{Var}\left[A_j(T)\right] = o(\frac{1}{T})$.

Le cas de valeurs propres ≠ 0 multiples conduit à un résultat analogue. En effet si tous les états communiquent la valeur propre nulle ne peut être qu'unique. Car si α est le maximum des q_{ii} la matrice $Q + \alpha U$ est irréductible et positive donc sa valeur propre de plus grand module est unique. Or les valeurs propres de $Q + \alpha U$ sont égale à $s_i + \alpha$ $(i = 1, \ldots n)$ et de plus $s_i \leqslant 0$ d'où il résulte que la valeur propre de plus grand module de $Q + \alpha U$ correspond à la valeur propre nulle de Q.

Donc on a toujours $s_1 = 0$, $s_i < 0$ $(i \neq 1)$ et les termes en $e^{s_i t}$ sont multipliés par des polynômes en t de degré au plus égal à l'ordre de multiplicité de s_i ; ce qui ne change pas le comportement asymptotique de la solution.

Application à un système à deux états

Soit par exemple un câble électrique pour lequel les pannes se produisent au hasard selon un taux λ c'est-à-dire que la durée de bon fonctionnement suit une loi exponentielle de paramètre λ ; les durées de panne sont des variables aléatoires de loi exponentielle de paramètre μ.

Désignons par 0 l'état de bon fonctionnement et par 1 l'état de panne et par X(t) l'état du câble à l'instant t.

$$Q = \begin{matrix} & o & 1 \\ o & \left[\begin{matrix} -\lambda & \lambda \\ & \\ \mu & -\mu \end{matrix}\right] \\ 1 & & \end{matrix}$$ est l'opérateur de transition

dont les valeurs propres sont $s_1 = 0$ $s_2 = -(\lambda+\mu)$ d'où les équations d'évolution s'obtiennent en résolvant $p'(t) = p(t)\,Q$ et on obtient avec $p_i(t) = \Pr\{X(t) = i\}$

$$p_0(t) = \frac{\mu}{\lambda+\mu} + \left[p_0(o) - \frac{\mu}{\lambda+\mu}\right] e^{-(\lambda+\mu)t}$$

$$p_1(t) = \frac{\lambda}{\lambda+\mu} + \left[p_1(o) - \frac{\lambda}{\lambda+\mu}\right] e^{-(\lambda+\mu)t}$$

où $\{p_0(o),\ p_i(o)\}$ représente la distribution de probabilité de l'état initial,

lorsque $t \to \infty$ on constante donc que

$p_0(t) \to \frac{\mu}{\lambda+\mu}$ et $p_1(t) \to \frac{\lambda}{\lambda+\mu}$ qui sont les composantes du vecteur propre, convenablement normé, de Q associé à la valeur propre 0.

D'autre part si $p_0(o) = \frac{\mu}{\lambda+\mu}$ et $p_i(o) = \frac{\lambda}{\lambda+\mu}$ cela entraîne que $\forall t$ $p_0(t) = \frac{\mu}{\lambda+\mu}$ et $p_1(t) = \frac{\lambda}{\lambda+\mu}$: la distribution d'équilibre est donc une distribution stationnaire. La proportion de temps passé dans l'état 1 est sur une longueur T :

$$A_i(t) = \frac{1}{T}\int_0^T X_1(t)dt \quad \text{avec } X_i(t) = \begin{cases} 1 & \text{si } X(t) = 1 \\ 0 & \text{sinon} \end{cases}$$

d'où $$E\{A_i(t)\} = \frac{1}{T}\int_0^T E\left[X_i(t)\right]dt$$

or $$E\{X_i(t)\} = \text{prob}\left[X(t) = 1\right]$$

D'où $$E\left\{A_i(t)\right\} = \frac{\lambda}{\lambda+\mu} + \left\{p_i(o) - \frac{\lambda}{\lambda+\mu}\right\}\left\{\frac{1-e^{-(\lambda+\mu)T}}{(\lambda+\mu)T}\right\}$$

et lorsque $T \to \infty$ on en déduit que $E\{a_i(t)\} \to \frac{\lambda}{\lambda+\mu}$

D'autre part un calcul du même type que le précédent montre assez facilement que $\operatorname{Var}\left[A_i(T)\right] = 0\left(\frac{1}{T}\right)$.

D'où le résultat suivant :

$E[A_i(T)]$ - ou encore l'espérance mathématique du pourcentage de temps passé dans l'état 1 - converge en probabilité, lorsque la période d'observation augmente indéfiniment, vers la probabilité d'être à l'équilibre dans cet état.

On retrouve ainsi l'analogue du résultat énoncé par les chaînes de Markov à temps discret à savoir l'égalité asymptotique des moyennes temporelle et spatiale. .

5.9. - EXERCICES

5.A. Une chaîne de Markov est à 2 états : 0 et 1. Le temps de séjour dans l'état 0 suit une loi exponentielle (de paramètre λ) puis le système passe dans l'état 1 où il séjourne pendant une durée de loi exponentielle (paramètre μ) puis il retourne dans l'état 0 et ainsi de suite.
- Calculer $P_{00}(t) = Pr\{X(t) = 0/X(o) = 0\}$
- Soit N(t) le nombre de changements d'état dans l'intervalle (o,t). Quelle est, dans le cas où $\lambda = \mu$, la loi de probabilité de N(t) ?

5.B. Soit un processus de disparition pure pour lequel $\mu_n = \mu$ pour n = 1, 2 ... On désigne par X(t) la taille de la population à l'instant t et par $P_n(t) = Pr\{X(t) = n\}$.
Si la condition initiale est X(0) = i calculer : $P_n(t)$, $E[X(t)]$, $Var[X(t)]$.

5.C. Soient deux câbles ayant chacun une alternance de périodes de bon fonctionnement et de panne. Ces durées sont pour les câbles des variables aléatoires indépendantes de loi exponentielle, quel que soit le câble, de paramètre λ pour le bon fonctionnement et μ pour les pannes. Si à l'instant 0 les câbles sont tous les deux en bon état, quelle est la probabilité qu'à l'instant t, ils soient tous les deux en état de bon fonctionnement ?

5.D. Soit X(t) un processus de naissance et mort markovien à taux constants (respectivement $\lambda_n = \lambda$ $\mu_n = \mu$). L'état initial X(0) = 1. Quelle est la probabilité qu'il y ait K individus vivants à l'époque de la première disparition ?

5.E. Soit X(t) un processus de naissance markovien défini de la façon suivante : la. probabilité qu'une naissance se produise entre t, t + dt sachant que X(t) est pair est λ_1 dt et la probabilité qu'une naissance se produise entre t, t + dt sachant que X(t) est impair est $\lambda_2 dt + 0(dt)$

On note $P_1(t) = Pr\{X(t) \text{ soit pair}\}$

$P_2(t) = Pr\{x(t) \text{ soit impair}\}$

Calculer $P_1(t)$, $P_2(t)$ et $E\,X(t)$.

5.F. Soit un processus de Markov à 3 états { a, b, c } et à temps continu pour lequel l'opérateur de transition est :

	a	b	c
a	-2	1	1
b	2	-3	1
c	3	1	-4

On va étudier les lois de probabilité des variables aléatoires suivantes :
- T_{ac} (resp. T_{bc}) : Temps mis pour atteindre c en partant de a (resp. b) (c'est-à-dire X(0) = a).
- T_{cc} : Temps qui s'écoule entre un instant où l'on quitte c et l'instant où l'on y revient pour la première fois.

Soient
$$\left| \begin{array}{l} r_{ac}(t) = \Pr\{T_{ac} \leqslant t\} \\ r_{bc}(t) = \Pr\{T_{bc} \leqslant t\} \end{array} \right.$$

a) Comment pourrait-on transformer le processus initial afin de faciliter le calcul de $r_{ac}(t)$ [par exemple en modifiant la nature d'un état] ?

b) A partir des équations précédentes, écrire et résoudre le système différentiel donnant $r_{ac}(t)$ et $r_{bc}(t)$.

c) En déduire la loi de T_{cc}.

CHAPITRE 6

INTRODUCTION AUX MODÈLES DE FILES D'ATTENTE

6.1. - INTRODUCTION

Les modèles généraux de file d'attente concernent le phénomène suivant : des "clients" arrivent à des instants aléatoires et réclament un service d'une certaine durée. Ils sont servis selon un certain ordre.

Les différents modèles s'élaborent à partir :

1) Des lois d'arrivées données en général par la loi de l'intervalle entre arrivées successives. Cette loi peut être exponentielle (M), de type gamma ou d'erlang (E_K), ou quelconque (G).

2) Des temps de service. Les notations utilisées sont les mêmes que précédemment.

3) Du nombre de comptoirs ou de serveurs (s).

4) De la discipline de la file d'attente.

Elle est en général du type "premier arrivé premier servi" et c'est ce qui sera supposé dans la suite. Mais on rencontre des situations avec pour ordre de traitement "dernier arrivé premier servi" ou bien "au hasard" et il existe aussi d'autres systèmes de priorités plus complexes. On rassemble en général les trois premiers points par la notation A/B/s ou A et B sont les lois des arrivées et des temps de service; les variables aléatoires correspondantes sont indépendantes.

Nous exposerons successivement le modèle M/M/1 puis la méthode du processus associé pour M/G/1 et G/M/1, ensuite la méthode des étapes successives dans le cas $E_K/M/1$ et $G/E_K/1$ et enfin la méthode de l'équation intégrale pour le modèle G/G/1; le dernier paragraphe traitera de l'approche par la simulation.

6.2. - LE MODELE LE PLUS SIMPLE M/M/1

Loi d'équilibre

Rappelons qu'il s'agit d'un modèle dans lequel les arrivées suivent la loi de Poisson (taux λ), la durée de service est exponentielle (paramètre μ) et il y a un seul serveur.

Soit X(t) = nombre de clients dans la file d'attente (y compris celui qui est en train de se faire servir).

X(t) est un processus markovien à temps continu dont l'opérateur infinitésimal est

$$\begin{bmatrix} -\lambda & \lambda & 0 & 0 \ldots\ldots & 0 \\ \mu & -(\lambda+\mu) & \lambda & 0 \ldots\ldots & \\ 0 & \mu & -(\lambda+\mu) & \lambda \quad 0 \ldots. & \\ & \ddots & \ddots & \ddots & 0 \\ & & & & \end{bmatrix}$$

La résolution de P't) = P(t) Q n'est pas très aisée (expression de $p_i(t) = \Pr\{X(t) = i\}$ à partir de séries de fonctions de Bessel). Par contre il est facile de voir que Q est la matrice d'un processus conservatif, que tous les états communiquent et qu'on doit donc s'attendre à trouver une distribution d'équilibre donnée par $\pi = \pi Q$. D'où il est facile de trouver que

(6.1) $$\boxed{\pi_j = \left(\frac{\lambda}{\mu}\right)^j \left(1 - \frac{\lambda}{\mu}\right) \text{ si } \lambda < \mu}$$

Si $\lambda \geqslant \mu$ il ne peut y avoir de distribution d'équilibre c'est-à-dire si $\frac{1}{\mu} \geqslant \frac{1}{\lambda}$: la durée moyenne de service est $\geqslant$ durée moyenne entre deux arrivées successives. On retrouvera toujours cette condition dans la suite.

A l'équilibre statistique ($\lambda < \mu$) la probabilité de ne pas attendre est $\pi_o = 1 - \frac{\lambda}{\mu}$

Loi du temps de séjour

Le temps de séjour T dans le système comprend le temps de service plus le temps d'attente.

Si n personnes sont présentes lors de l'arrivée (instant t) d'un client : T est la somme de (n+1) variables aléatoires exponentielles de paramètre μ.

$$\Longrightarrow \text{ densité de } T/n \text{ dans la file} = \frac{\mu^{n+1} \tau^n e^{-\mu\tau}}{n!}$$

$$\Longrightarrow \text{ densité de } T = \sum_{n=o}^{\infty} \frac{\mu^{n+1} \tau^n e^{-\mu\tau}}{n!} P_n(\tau)$$

D'où la loi du temps de séjour à l'équilibre ou en régime stationnaire ($\lambda < \mu$)

$$\sum_{n=o}^{\infty} \frac{\mu^{n+1} \tau^n e^{-\mu\tau}}{n!} \left(\frac{\lambda}{\mu}\right)^n \left(1 - \frac{\lambda}{\mu}\right)$$

$$(6.2) \Longrightarrow \boxed{\text{densité de } T = (\mu - \lambda)\, e^{-(\mu-\lambda)\tau}}$$

c'est une loi exponentielle de paramètre $(\mu - \lambda)$.

Processus de sortie

Pour la file d'attente M/M/1 le processus de sortie est en régime permanent un processus de Poisson de paramètre λ. Ce résultat est évidemment très important pour les applications (en particulier pour les services en séquence puisque la loi des entrées de chaque niveau est celle de sortie du niveau précédent).

La démonstration de ce résultat peut se faire très rapidement grâce à une méthode due à H. Galliher.

Désignons par N(T) le nombre de sorties en régime permanent pendant un intervalle d'amplitude de T et N(T/i) la même quantité mais sachant que i individus sont présents dans le système au début de l'intervalle considéré.

Notons $p_n(T/i) = \text{Prob}\ \{N(T/i) = n\}$ et $p_n(T) = \text{Prob}\{N(T) = n\}$.

En considérant un élément différentiel de temps dT au début de l'intervalle on a

$$p_n(T/i) = \lambda dT p_n(T-dT/i+1) + \mu dT p_{n-1}(T-dt/i-1) + \left[1-(\lambda+\mu)dT\right] p_n(T-dT/i) \qquad i \geqslant 1$$

(pour n = 1 on supprime le terme en p_{n-1})

$$p_n(T/o) = \lambda dT p_n(T-dT/1) + (1-\lambda dT)\ p_n(T-dT/0)\ .$$

La probabilité a priori que i individus soient présents dans le système à un instant quelconque du régime permanent est

$$\pi_i = \left(\frac{\lambda}{\mu}\right)^i (1 - \frac{\lambda}{\mu})$$

Or $\qquad p_n(T) = \sum_i \pi_i\ p_n(T/i)$ d'où

$$p_n(T) = (1-\lambda dT)\ p_n(T-dT) + \lambda dT\ p_{n-1}(T-dT)$$

$$p_0(T) = (1-\lambda dT)\ p_0(T-dT)$$

d'où on obtient les équations différentielles dont la solution est $\qquad p_n(T) = \dfrac{e^{-\lambda T}\ (\lambda T)^n}{n!}$

6.3. - MODELE M/G/1 : LA METHODE DU PROCESSUS ASSOCIE

Les arrivées sont en processus de Poisson (taux λ), le temps de service V dont la densité est b(v) avec l'hypothèse que $E(V) < +\infty$ et il y a un seul serveur.

On va considérer la chaîne de Markov associée (embedded markov chain) obtenue en ne considérant le système qu'aux instants qui suivent immédiatement le départ d'un client.

Cette méthode va nous permettre d'étudier assez facilement les propriétés à l'équilibre du processus initial. Pour légitimer cette procédure on peut par exemple se reporter à un théorème général de Khintchin qui peut se présenter de la façon suivante.

Résultat fondamental pour les chaînes associées

Soit un processus à temps continu avec une infinité dénombrable d'états tel que les transitions soient de + 1 ou de − 1. Considérons les deux processus associés obtenus en considérant l'état du processus.

a) Immédiatement avant un saut de + 1

b) Immédiatement après un saut de − 1

Supposons que ces 2 processus aient des distributions d'équilibre notées p'_i *et* p''_i*. Alors*

$$p'_i = \frac{A'_i}{\sum_j A'_j} \qquad p''_i = \frac{A''_i}{\sum_j A''_j}$$

où A'_i *est le nombre de transitions, pendant un temps d'observation très long, de* i *vers* $i + 1$ *et* A''_i *le nombre des transitions de* $i + 1$ *vers* i.

On a $|A'_i - A''_i| \leq 1 \Longrightarrow$ *les 2 distributions d'équilibre* p' *et* p'' *sont identiques.*

Si de plus les instants définis en a) ***ou*** *ceux définis en b) forment un processus de Poisson indépendant de l'état du processus initial, alors les distributions d'équilibre* p' *et* p'' *sont aussi identiques à la distribution d'équilibre du processus initial.*

Cette condition qui est donc suffisante est en général aussi une condition nécessaire pour le processus en a) ou celui en b).

Ainsi dans le modèle étudié la chaîne associée est formée par le processus b) mais c'est a) qui définit un processus de Poisson. On est donc dans les conditions d'application de ce résultat.

Etude de la chaîne associée

Désignons par Z_n le nombre de clients présents dans le système après le départ du $n^{ième}$ client. Les processus Z_n et X(t) ont donc même loi asymptotique.

On a

$$Z_n = \begin{cases} Z_{n-1} + \xi_n & \text{si } Z_{n-1} \geqslant 1 \\ \xi_n & \text{sinon} \end{cases}$$

où ξ_n désigne le nombre de personnes qui sont arrivées pendant le service du $n^{ième}$ client; donc ξ_n est indépendant de Z_n et de Z_{n-1} et de Z_{n-2} ...

Le processus $\{Z_n\}$ est donc une chaîne de Markov

Notons $K_r = \Pr\{\xi_n = r\} = \int_0^\infty e^{-\lambda v} \frac{(\lambda v)^r}{r!} b(v)\, dv$

(on a vu au § 4.6 que $E(\xi_n) = \lambda E(V)$ et $\mathrm{Var}(\xi_n)$
$= \lambda E(V) + \lambda^2 \mathrm{Var}(V))$

La matrice des probabilités de transition de $[Z_n]$ est

$$P = \begin{array}{c|ccccc} & 0 & 1 & 2 & 3 & 4 \quad 5 \ldots\ldots \\ \hline 0 & K_0 & K_1 & K_2 & K_3 & \ldots\ldots \\ 1 & K_0 & K_1 & K_2 & K_3 & \ldots\ldots \\ 2 & 0 & K_0 & K_1 & K_2 & \ldots\ldots \\ 3 & 0 & 0 & K_0 & K_1 & \ldots\ldots \\ 4 & & O & & K_0 & \\ 5 & & & & & \ddots \\ \vdots & & & & & \end{array}$$

Il s'agit d'une chaîne irréductible (tous les Ki > 0) à une infinité dénombrable d'états. Appliquons le critère du § 2.7.

Le système linéaire correspondant est

$$\sum_{j=i-1}^{\infty} K_{j-i+1}\, x_j = x_i \qquad i = 1, 2, \ldots$$

Cherchons une solution de la forme $x_j = a\, x^j$. Cette solution sera bornée et non constante si $0 < x < 1$.

D'après ce qui précède on voit que x est obtenu par l'équation $g(x) = x$ où $g(x)$ est la fonction génératrice des K_i qu'on sait calculer d'après le § 4.6.

Or $g(0) = K_o, g(1) = 1$ et $g'(1) = \lambda E(V)$. Donc si $\lambda E(V) > 1$ il existe bien un tel x et la chaîne est transitoire.

On montre de même que $\lambda E(V) < 1$ correspond à une chaîne récurrente positive ou ergodique et que $\lambda E(V) = 1$ est le cas d'une chaîne récurrente nulle.

Donc si $\lambda E(V) \geqslant 1$ on observe un phénomène d'engorgement : la file d'attente atteint une taille infinie dans un temps fini.

Dans le cas où le système atteint un régime stationnaire régulier $(\lambda E(V) < 1)$ on va chercher la distribution d'équilibre par une approche directe (le lecteur pourra retrouver les résultats en résolvant l'équation $\pi = \pi P$).

Etude directe de la distribution d'équilibre

Posons

$U(Z_n)$ la variable aléatoire qui est $\begin{cases} = 1 \text{ si } Z_n > 0 \\ = 0 \text{ si } Z_n = 0 \end{cases}$

On a alors

$$Z_n = Z_{n-1} - U(Z_{n-1}) + \xi_n$$

Si $n \to \infty$: $E(Z_n) = E(Z_{n-1})$ (chaîne récurrente positive)

D'où $E\left[U(Z_{n-1})\right] = E(\xi_n) = \lambda E(V) \quad \forall n$ grand

Mais $E\left[U(Z_{n-1})\right] = \Pr\{Z_{n-1} > 0\}$

Donc à l'équilibre la probabilité que la file d'attente soit de longueur nulle(c'est-à-dire que le serveur soit libre) est donc :

$$\boxed{1 - \lambda E(V) = \Pi_o} \qquad (6.3)$$

En élevant au carré la relation donnée plus haut et en remarquant que $[U(Z_{n-1})]^2 = U(Z_{n-1})$ et $Z_{n-1}\ U(Z_{n-1}) = Z_{n-1}$

on a : $Z_n^2 = Z_{n-1}^2 + \xi_n^2 + U(Z_{n-1}) + 2\ Z_{n-1}\ \xi_n - 2\ Z_{n-1}$
$$- 2\ \xi_n\ U(Z_{n-1})$$

Prenons l'espérance mathématique et souvenons-nous que ξ_n et : Z_{n-1} sont indépendantes donc aussi ξ_n et $U(Z_{n-1})$.

D'autre part à l'équilibre $E(Z_n^2) = E(Z_{n-1}^2)$. D'où

$$0 = E(\xi_n^2) + \lambda E(V) + 2\ \lambda E(V)\ E(Z_{n-1}) - 2\ E(Z_{n-1}) - 2[\lambda E(V)]^2$$

Introduisons $C(V) = \dfrac{\text{Ecart type de } V}{E(V)}$. On en déduit

en posant $\rho = \lambda E(V)$

$$(6.4) \qquad \boxed{E(Z_n) = \rho + \frac{\rho^2\ (1 + C^2(V))}{2\ (1 - \rho)}} \qquad \text{pour n assez grand}$$

Cas particuliers

V est de loi exponentielle $\rightarrow C(V) = 1 \Longrightarrow E(Z_n) = \dfrac{\rho}{1 - \rho}$

V est constant $\rightarrow C(V) = 0 \Longrightarrow E(Z_n) = \dfrac{\rho(1 - \frac{1}{2}\rho))}{1 - \rho}$

On voit que pour $\rho = \lambda E(V)$ constant la longueur moyenne de la file d'attente est la plus petite avec un service de durée constante $E(V)$.

Temps moyen de séjour (à l'équilibre)

Soit W_n le temps de séjour du $n^{\text{ième}}$ client. Comme la discipline de la file d'attente est "premier arrivé, premier servi" Z_n est le nombre de clients qui arrivent durant l'intervalle de longueur W_n. D'après le § 4.6 on a donc

$$E(Z_n) = \lambda E(W_n)$$

$$\Longrightarrow E(W_n) = \frac{1}{\lambda}\left[\ \rho + \frac{\rho^2\ (1 + C^2(V))}{2(1 - \rho)}\ \right]$$

Les conclusions précédentes sont encore valables.

Fonction génératrice de la loi de probabilité de Z_n à l'équilibre

Soit Q(s) la fonction génératrice de $\pi_i = \Pr\{Z_n = i\}$ (n grand)

$$Q(s) = E(s^{Z_n}) = E\left[s^{Z_{n-1} - U(Z_{n-1}) + \xi_n}\right]$$

$$= E\left[s^{\xi_n}\right] E\left[s^{Z_{n-1} - U(Z_{n-1})}\right] \text{car indépendance}$$

de ξ_n et Z_{n-1}

Soit K(s) la fonction génératrice de $K_r = P_r\{\xi_n = r\}$

D'autre part par définition

$$E\left\{s^{Z_{n-1} - U(Z_{n-1})}\right\} = \pi_0 + \sum_{i=1}^{\infty} \pi_i \, s^{i-1}$$

$$= 1 - \rho + \frac{Q(s) - (1 - \rho)}{s}$$

car $\pi_0 = 1 - \rho$ d'après la formule (6.3)

$$(6.5) \Longrightarrow \boxed{Q(s) = \frac{(1 - \rho)\,(1 - s)\,K(s)}{K(s) - s}}$$

Loi du temps de séjour (transformée de Laplace)

Soit $B^*(z) = E\left[e^{-zV}\right] = \int_0^\infty e^{-zv}\, b(v)\, dv$

De même si W_n est le temps de séjour soit $W^*(z) = E\,(e^{-zW_n})$.

D'après la relation vue précédemment entre W_n et Z_n on a

$$Q(s) = W^*(\lambda - \lambda s)$$

$$W^*(Z) = \frac{(1 - \rho)\; s\; B^*(z)}{s - \lambda - \lambda B^*(z)}$$

Quelques observations à propos du temps d'occupation du serveur

Une période d'inactivité est coupée par l'arrivée d'un client au taux λ; les périodes d'inactivité sont donc des variables aléatoires de loi exponentielle de paramètre λ.

Le serveur est occupé avec la probabilité ρ, donc sur un intervalle de longueur T il est occupé en moyenne pendant un temps $T\rho$ et est oisif pendant $T(1-\rho)$,ce qui correspond donc d'après ce qui précède à en moyenne $T\lambda(1-\rho)$ périodes d'oisiveté; donc il y a en moyenne $T\lambda(1-\rho)$ périodes d'activité (à cause de l'alternance). Il s'ensuit que la longueur moyenne d'une période d'activité est

$$\frac{T\rho}{T\lambda(1-\rho)} = \frac{E(V)}{1-\rho}$$

De même le nombre moyen de clients servis par période d'activité est $\frac{1}{1-\rho}$

6.4. - MODELE G/M/1 : LA METHODE DU PROCESSUS ASSOCIE

Les intervalles entre arrivées successives sont des variables aléatoires U indépendantes et de même loi de densité h(u). Les temps de service sont de loi exponentielle (paramètre μ). Il y a 1 serveur et la discipline est "premier arrivé, premier servi"

Les conditions du résultat énoncé au § 6.3 ne sont pas vérifiées puisqu'aucun des deux processus de saut n'est de Poisson, par conséquent le processus associé en considérant le système immédiatement avant l'arrivée d'un nouveau client n'a pas la même loi limite que le processus initial. Cependant les résultats obtenus pour la chaîne associée sont importants puisque la longueur de la file d'attente à l'arrivée d'un client et la loi de son temps de séjour représentent pour lui la qualité du système. Mais on n'aura par cette méthode aucun renseignement interne (par exemple sur les temps d'occupation du serveur ...).

On étudiera au § 6.5 assez complètement le cas où la loi entre arrivée est du type particulier E_K.

<u>Chaîne associée</u>

Elle est de Markov si l'on observe le système immédiatement avant l'arrivée d'un nouveau client. En effet si Y_n = nombre de clients présents dans le système immédiatement avant l'arrivée du $n^{ième}$ client on a $Y_n = Y_{n-1} + 1 - \eta_n$ (η_n est indépendant des variables aléatoires Y_n) où η_n représente le nombre de clients dont le service a été terminé entre l'arrivée du $(n-1)^{ième}$ est celle du $n^{ième}$ client.

$$\text{Soit } a_i = \Pr\{\eta_n = i\} = \int_o^{\infty} e^{-\mu t} \frac{(\mu\ t)^i}{i!} \, d\, H(t)$$

(les départs se produisant au taux μ). Remarquons que $\eta_n = i$ si $Y_{n-1} \geqslant i$.

La matrice des probabilités de transition de cette chaîne est

$$P = \begin{array}{c|ccccc} & 0 & 1 & 2 & 3 & 4 \\ \hline 0 & A_o & a_o & o & o & \cdots\cdots \\ 1 & A_1 & a_1 & a_o & o & \cdots\cdots \\ 2 & A_2 & a_2 & a_1 & a_o & \cdots\cdots \\ 3 & A_3 & a_3 & a_2 & a_1 & \cdots\cdots \\ 4 & A_4 & a_4 & a_3 & a_2 & \cdots\cdots \\ \cdot & \cdot & \cdot & & & \\ \cdot & \cdot & \cdot & & & \\ \cdot & \cdot & \cdot & & & \end{array}$$

où $A_K = 1 - \sum_{j=o}^{K} a_j$

En effet p_{Ko} est la probabilité que les K personnes présentes aient terminé leur service : c'est donc la probabilité qu'au moins K auraient été servies si plus de K avaient été présentes.

L'étude de cette chaîne montre qu'elle est irréductible et de plus récurrente positive si $\sum_{k=o}^{\infty} Ka_K = \mu\ E(U) > 1$

récurrente nulle si $\sum_{k=o}^{\infty} Ka_K = \mu\ E(U) = 1$

transitoire si $\sum_{k=o}^{\infty} Ka_K = \mu\ E(U) < 1$

Remarquons que la condition est toujours du même type en effet $\mu\ E(U) > 1$ signifie que le temps moyen entre arrivées est supérieur au temps moyen de service.

Loi du régime stationnaire

On cherche la distribution d'équilibre π telle que $\pi = \pi\, p$

$$\Longrightarrow \quad \sum_{i=j-1}^{\infty} \pi_i\, a_{i-j+1} = \pi_j \qquad j \geqslant 1$$

Cherchons une solution de la forme $\pi_j = A\, \pi^j$

$$\Longrightarrow \quad \sum_{i=j-1}^{\infty} \pi^i\, a_{i-j+1} = \pi^j \Longrightarrow \sum_{i=j-1}^{\infty} \pi^{i-j+1}\, a_{i-j+1} = \pi$$

$$\sum_{K=o}^{\infty} a_K\, \pi^K = \pi$$

Or soit $f(s)$ la fonction génératrice des a_i :

$$f(s) = \sum_{K=o}^{\infty} a_K\, s^K \text{ avec } f(o) = a_o, f(1) = 1 \text{ et } F'(1) = \Sigma\, K a_K > 1$$

donc il existe une valeur s_o, $o < s_o < 1$, telle que $f(s_o) = s_o$; si de plus on ajoute $\Sigma\, \pi_j = 1$

On obtient

$$(6.6) \qquad \boxed{\pi_j = (1 - s_o)\, s_o^j} \quad \text{avec } s_o \text{ telle que } \sum_{K=o}^{\infty} a_K\, s_o^K = s_o$$

$\pi_o = 1 - s_o$ est la probabilité que le système soit vide donc que l'attente soit nulle (ou que le serveur soit oisif).

Loi du temps de séjour

Soit W_n le temps de séjour du $n^{\text{ième}}$ client. Si lorsqu'il arrive, K personnes sont devant lui, il séjournera un temps qui est la somme de (K+1) variables aléatoires exponentielles de paramètre μ. D'où la densité de W_n à l'équilibre

$$\sum_{K=o}^{\infty} \frac{\mu^{n+1}\, t^n\, e^{-\mu t}}{n!} (1 - s_o)\, s_o^K$$

$$(6.7) \quad \Longrightarrow \quad \boxed{\mu(1 - s_o) e^{-\mu(1 - s_o)\, t} = \text{densité de } W_n}$$

Remarque

Dans les problèmes de file d'attente on distinguera toujours bien la loi du temps de séjour (W_n) et celle du temps d'attente (A_n).

Ainsi dans ce cas la loi du temps d'attente est telle que l'attente est nulle avec probabilité $\pi_o = 1 - s_o$ et lorsqu'elle n'est pas nulle elle est de loi exponentielle de paramètre $\mu(1 - s_o)$ [faire le même calcul que plus haut avec $n + 1 \to n$.]

On ne pourra donc parler de la densité de la loi du temps d'attente mais de sa fonction de répartition qui est

$$\Pr (A_n \leqslant t) = (1 - s_o) + s_o \left[1 - e^{-\mu t(1 - s_o)} \right]$$

6.5. - LA METHODE DES ETAPES SUCCESSIVES

Modèle $E_K|M|1$

La loi de probabilité de l'intervalle entre arrivées successives est une loi $\Gamma_{K,\lambda}$: somme de K variables aléatoires indépendantes de même paramètre λ.

On peut donc considérer que tout se passe comme si avant de gagner la file d'attente (ou le comptoir si la file est de longueur nulle) chaque arrivant doit parcourir successivement K étapes numérotées 0,1,2, ... K-1, son temps de séjour dans chacune d'elle étant de loi exponentielle de paramètre λ, et, dès qu'un client termine sa (K-1)^{ième} étape, le suivant commence alors l'étape de numéro zéro.

On représente l'état du système par le nombre d'étapes parcourues par les clients qui sont, soit dans la file d'attente, soit en train de se faire servir, soit en train d'arriver.

Ainsi si, à un instant quelconque, n est la longueur de la file d'attente (y compris le client en train de se faire servir) et si s est le numéro de l'étape où se trouve le client en train d'arriver, l'état du système sera alors $n K + s$ $(s < K)$.

L'état du système peut donc augmenter de + 1 lorsqu'un client passe d'une étape préalable à la suivante soit diminuer de K lorsqu'un client quitte le guichet (où le temps de service est de loi exponentielle de paramètre μ).

D'où les équations en supprimant les termes en o(dt)

$$p_m(t+dt) = (1-\lambda dt)\ p_m(t) + \lambda dt\ p_{m-1}(t) + \mu dt\ p_{m+K}$$

$$\text{si } m = 0, 1, \ldots, K-1$$

$$p_K(t+dt) = \left[1-(\lambda+\mu)\ dt\right] p_K(t) + \lambda dt\ p_{K-1}(t) + p_{2K}(t)\ \mu dt$$

$$p_{nK+s}(t+dt) = \left[1-(\lambda+\mu)\ dt\right] p_{nK+s} + \lambda dt\ p_{nK+s-1} + p_{(n-1)K+s}\ \mu dt$$

D'où le système différentiel $p'(t) = p(t)\ Q$ avec

Q =

	0	1	2...	(K-1)	K	K+1	K+2	......
0	$-\lambda$	λ	0...	0	0	0	0	
1	0	$-\lambda$	λ...	0	0	0	0	
2	0	0	$-\lambda$..	0	0	0	0	
.	.	.	....	.	.	.	.	
.	.	.	....	.	.	.	.	
.	.	.	....	.	.	.	.	
.	.	.	....	.	.	.	.	
K-1	0	0.........		$-\lambda$	λ	0	....	
K	μ	0		0	$-(\lambda+\mu)$	λ	0	....
K+1	0	μ.........		0	0	$-(\lambda+\mu)$	λ	....
K+2	0	0	μ...					
.	.	.						
.	.	.						
.	.	.						
.	.	.						

On est alors conduit à la résolution classique d'un système markovien de naissance et disparition.

Evidemment ceci est un modèle G/M/1 mais alors que pour un tel modèle on ne peut obtenir aisément que la loi limite du processus associé on peut par la résolution du système précédent trouver la loi du régime transitoire d'où l'idée d'utiliser les deux méthodes dans le modèle suivant.

Modèle $G/E_K/1$

Les intervalles entre arrivées successives suivent la même loi de densité h(.) et le temps de service est de loi $\Gamma_{K,\mu}$ (somme de K variables aléatoires indépendantes chacune de loi exponentielle de paramètre μ).

On va considérer la chaîne associée obtenue en ne considérant le système qu'aux instants précédant immédiatement l'arrivée d'un client. D'autre part on considèrera que le service consiste à parcourir successivement K étapes, le séjour dans chacune d'elles étant de loi exponentielle de paramètre μ.

A un instant quelconque l'état du système sera le nombre d'étapes à parcourir par l'ensemble des clients qui sont, soit dans la file d'attente, soit en train de se faire servir.

Ainsi si la file d'attente (y compris celui qui est en train de se faire servir) est de longueur n et si s est le numéro de l'étape où se trouve le client en train de se faire servir (les étapes sont numérotées de 1 à K; à la fin de la $K^{\text{ième}}$ étape le client quitte le système) l'état du système est alors

$$K(n-1) + K - s + 1 = n K - s + 1$$

C'est le nombre d'étapes qui devront être parcourues avant que le nouveau client ne commence son service.

On remarquera que si n = 0 l'état du système est 0. On peut calculer de la façon suivante la matrice des probabilités de transition de la chaîne ainsi associée.

1) si $j > i + K \Longrightarrow p_{ij} = 0$

2) $j \leqslant i + K \quad j \neq 0 \rightarrow i + k - j$ étapes ont été parcourues entre deux arrivées successives (intervalle de densité h(.))

$$\Longrightarrow \quad p_{ij} = \int_0^\infty \frac{(\mu v)^{i+K-j}\, e^{-\mu v}}{(i+K-j)!}\, h(v)\, dv$$

3) j = 0

Le temps pour parcourir les (i+K) étapes a été inférieur à l'intervalle entre deux arrivées successives d'où

$$p_{io} = \int_0^\infty \left(\int_0^v \frac{\xi^{i+K-1}\, \mu^{i+K}\, e^{-\xi\mu}}{(i+k-1)!} h(v)\, dv \right) d\xi$$

On peut étudier la loi limite de cette chaîne de Markov et on montre que

$$p_{mj} \to \Pi_m \quad \text{avec} \quad \Pi_m = \frac{\sum_{i=1}^{M} \alpha_i \lambda_i^m}{\sum_{i=1}^{K} \frac{\alpha_i}{1-\lambda_i}}$$

où $\lambda_1 \ldots \lambda_K$ sont les K racines de l'équation

$$\lambda^K = \int_0^\infty e^{-\mu v(1-\lambda)}\, h(v)\, dv \quad \text{et} \quad \alpha_i = \prod_{\substack{j=1 \\ j \neq i}}^{j=K} \frac{\lambda_i}{\lambda_i - \lambda_j}$$

6.6. - LA METHODE DE LA VARIABLE SUPPLEMENTAIRE

Il s'agit d'un procédé assez général lorsqu'un processus n'est pas markovien on ajoute à la variable d'état un nombre suffisant de variables supplémentaires de façon à rendre le nouveau processus markovien. Nous allons appliquer cela à titre d'exemple au problème suivant.

<u>Retour au modèle M/G/1</u>

Soit b(.) la densité du temps de service V. L'état du système est décrit de la façon suivante :

état 0 s'il n'y a personne en attente ni au guichet;

état (n,v) s'il y a n clients présents (y compris celui qui est en service) et si le service a déjà duré un temps v pour celui qui est en train de se faire servir.

Les intervalles entre les arrivées successives sont de loi exponentielle de paramètre λ.

Notons

$$p_n(v,t) = \lim_{\Delta v \to o^+} \frac{\text{Prob}\{v<V<v+\Delta v \text{ et } n \text{ clients présents à l'instant } t\}}{\Delta V}$$

Notons

$$\mu_b(v) = \lim_{\Delta v \to o^+} \frac{\Pr(v<V<v+\Delta v \mid V>v)}{\Delta v} = \frac{b(v)}{\int_v^\infty b(y)\, dy} = \text{taux de fin de service}$$

On a alors les équations suivantes qui correspondent aux cas où

- il n'y a personne en attente ni au guichet à l'instant t + dt

$$p_0'(t) = -\lambda\, p_0(t) + \int_o^\infty p_1(v,t)\, \mu_b(v)\, dv$$

- il y a à l'instant t + dt, n personnes dans la file et que le temps passé est v + dt pour celui qui est en train de se faire servir

$$\frac{\partial\, p_n(v,t)}{\partial v} + \frac{\partial\, p_n(v,t)}{\partial t} = -\left[\mu_b(v)+\lambda\right] p_n(v,t) + \lambda p_{n-1}(v,t) \quad n \geq 1$$

- l'instant d'observation t coïncide avec un départ (n>1) ou une arrivée (n=1)

$$p_n(0,t) = \int_o^\infty p_{n+1}(v,t)\, \mu_b(v)\, dv + \lambda\, p_0(t)\, \delta_{n1}$$

$$\delta_{n1} = \begin{cases} 1 & \text{si } n = 1 \\ 0 & \text{si } n \neq 1 \end{cases}$$

Pour plus de compléments concernant la résolution des équations précédentes on se référera à l'article de Keilson et Kooharian : "On time dependent queuing processes" Ann. math. Statist. Vol. 31 (1960) pp. 104-112.

On peut vérifier que la loi d'équilibre ($t \to \infty$) du nombre d'individus présents est la même que celle donnée par la formule (6.4) pour le processus associé ce qui est conforme au résultat énoncé au § 6.3. Mais les équations précédentes permettent en particulier l'étude du régime transitoire

6.7. - METHODE DE L'EQUATION INTEGRALE

Loi du temps d'attente

L'étude de la loi de probabilité du temps d'attente à l'équilibre va nous conduire pour le modèle général G/G/1 à une condition d'existence de l'état d'équilibre de même nature que celles rencontrées le long de ce chapitre.

Soient A_r le temps d'attente (sans le service) du $r^{ième}$ client

S_r le temps de service du $r^{ième}$ client

T_r le temps entre l'arrivée du $r^{ième}$ client et celle du $(r+1)^{ième}$.

On prend $A_o = S_o = T_o = A_1 = o$ (c'est-à-dire qu'on suppose que la première personne arrive au temps 0 et qu'elle est prise en charge immédiatement.

$W_r = A_r + S_r$ = temps passé dans le système par le $r^{ième}$ client

On a $A_{r+1} = \begin{cases} A_r + S_r - T_r & \text{si cette quantité est} \geqslant o \\ 0 & \text{sinon} \end{cases}$

Soit $U_r = S_r - T_r$

Les variables aléatoires $\{U_r\}$ ($r = 1,2, \ldots$) sont indépendantes et de même loi de probabilité.

Soit $F_r(.)$ la fonction de répartition de A_r

$g\ (.)$ la densité de probabilité de U_r

Pour $x \geqslant o$: $F_{r+1}(x) = Pr\{A_{r+1} \leqslant x\} = Pr\ \{\max\ (A_r+U_r,0) \leqslant x\}$

$$\Longrightarrow \quad F_{r+1}(x) = \Pr\{A_r + U_r \leqslant x\}$$
$$= \int_{y \leqslant x} \Pr\{U_r + A_r < x / U_r = y\}\, g(y)\, dy$$

d'où

(6.7) $$\boxed{F_{r+1}(x) = \int_{y<x} F_r(x-y)\, g(y)\, dy}$$

Le premier client n'attend pas

$$\Longrightarrow \quad F_1 = \begin{cases} 1 & \text{si } x \geqslant 0 \\ 0 & \text{si } x < 0 \end{cases}$$

et pour tout $x < 0 \quad F_i(x) = 0$

$$\Longrightarrow \forall x \qquad F_1(x) - F_2(x) \geqslant 0$$

Or $F_r(x) - F_{r+1}(x) = \int_{y<x} \left[F_{r-1}(x+y) - F_r(x-y)\right] g(y)\, dy$

et donc de proche en proche

$$F_r(x) - F_{r+1}(x) \geqslant 0 \qquad -\infty < x < +\infty$$

$F_r(x)$ est donc pour tout x décroissante en r et comme

$F_r(x) \geqslant 0\ \forall r$ il s'ensuit que $F_r(x)$ converge vers $F(x)$ tel que

$$F(x) = \int_{y \leqslant x} F(x-y)\, g(y)\, dy$$ (en justifiant l'interversion de $\int$ et de lim)

Soit encore

(6.8) $$\boxed{F(x) = \int_0^{\infty} F(z)\, g(x-z)\, dz}$$

Mais : $F(x)$ est-elle une distribution singulière c'est-à-dire

$\lim_{x \to \infty} F(x) < 1$ ou $= 1$

Si $\lim_{x \to \infty} F(x) < 1 \Longrightarrow$ la file d'attente prend une taille infinie en un temps fini : il y a congestion donc pas de distribution d'équilibre.

Si par contre $\lim_{x \to \infty} F(x) = 1$ il y a bien une distribution d'équilibre : la file d'attente ne peut devenir de taille ∞ avec une probabilité non nulle.

La réponse à cette question est dans le théorème suivant :

Condition générale d'équilibre

Théorème - Supposons que $E(S_r) < +\infty$ *et* $E(T_r) < +\infty$

Si $E(U) \geqslant 0$ *alors* $F(x) \equiv 0$

Si $E(U) < 0$ *alors* $F(x)$ *est une distribution de probabilité telle que* $\lim_{x \to \infty} F(x) = 1$

Donc la condition d'équilibre est que

le temps moyen entre arrivées successives soit inférieur à la durée moyenne du temps de service de chaque client.

Cette condition, rencontrée dans tous les modèles particuliers précédents, est donc générale.

Nous ne ferons pas la démonstration de ce théorème, renvoyant le lecteur au livre de Karlin [8] .

6.8. - L'APPROCHE PAR LES METHODES DE SIMULATION

On a pu constater dans les paragraphes précédents que des résultats mathématiques utilisables étaient obtenus dans un grand nombre de cas. Cependant beaucoup de problèmes concrets sont bien plus compliqués que les situations décrites, ainsi certains réseaux de files d'attente, les modèles à priorité assez complexes ou à distributions non stationnaires ... Il faut alors avoir recours à des méthodes de simulation c'est-à-dire réaliser - en général à l'aide d'un ordinateur - un certain nombre de situations possibles pour pouvoir appliquer les théories de l'échantillonnage statistique et en déduire l'estimation des grandeurs recherchées (taille moyenne de la file d'attente, loi de la durée de séjour ...). On trouvera dans la littérature en particulier dans [7] quelques exemples.

Si l'élaboration d'un modèle décrivant ainsi de façon aussi voisine que possible la situation réelle paraît commode il ne faudrait pourtant pas croire qu'on dispose ainsi d'une arme absolue. On a pu voir par exemple que le régime stationnaire n'était atteint qu'après un fonctionnement suffisamment long (mais de combien ?) du régime transitoire et sous certaines conditions (lesquelles ?). Le modèle de simulation fournit des nombres mais quelle est leur valeur et comment mener correctement les études de sensibilité ou d'optimisation des dimensions du système (nombre de guichets ...). La variabilité statistique des résultats nécessite quelques précautions (par exemple les temps d'attente des individus successifs d'une file ne sont pas des variables aléatoires indépendantes et la variance de cette série de valeur serait une estimation biaisée de la variance du temps d'attente ou bien le calcul toujours possible d'une moyenne statistique peut masquer la non existence d'une espérance mathématique infinie).

Ces quelques réserves ne sont pas destinées à détourner le lecteur du recours souvent indispensable à la simulation mais à le persuader de la nécessité de soumettre tout modèle d'échantillonnage fictif à une étude de validation et d'analyse théorique. Il sera souvent bon d'insérer des parties complètement traitées mathématiquement ou de découper les chroniques étudiées en suites indépendantes correspondant aux passages par des points de régénération ... Ces divers trucs naturellement inspirés par la bonne connaissance des modèles théoriques "élémentaires" semblent contribuer beaucoup à la qualité des résultats d'une simulation de phénomènes réels et complexes.

6.9. - EXERCICES

6.A. Soient deux variables aléatoires indépendantes X et Y de lois gamma respectivement de paramètre a et b.

Quelle est la loi de probabilité de $V = \frac{X}{Y}$. Cas particulier où $a = b = 1$ (X et Y de lois exponentielles) : quelle est alors l'espérance mathématique de V.

Application : Soient deux files d'attente de m et n personnes respectivement ($n > m$). Chaque file correspond à un guichet et les temps de service sont quel que soit le guichet des variables aléatoires indépendantes de même loi exponentielle de paramètre λ. Quelle est la probabilité que ce soit la file d'attente qui était initialement de n personnes qui se termine la première (on proposera au moins deux méthodes différentes de résolution).

6.B. Des clients arrivent à un guichet où le temps de service est exponentiel (de paramètre μ). Les clients arrivent par groupes de taille fixe N. Les instants entre les arrivées des groupes successifs suivent une loi exponentielle de paramètre λ. Donner la fonction génératrice de la distribution d'équilibre lorsqu'elle existe. Quelle est la condition d'équilibre ?

6.C. Soit un modèle de file d'attente avec un nombre infini de serveurs et un temps de service de loi exponentielle (paramètre μ) pour chaque client. Les clients arrivent en groupes dont la taille suit une loi géométrique de paramètre ρ. Les instants entre les arrivées successives des groupes suivent une loi exponentielle de paramètre λ.

Ecrire le système différentiel des probabilités de transition.

6.D. Soit un système d'attente à un guichet où le temps de service est une loi exponentielle de paramètre μ.

On traduit l'effet de découragement lié à la longueur de la file d'attente en prenant pour taux d'arrivée $\lambda_n = \frac{1}{n+1}$ (c'est-à-dire que la probabilité qu'un client se joigne à la file d'attente alors que n personnes, y compris celle qui est en train de se faire servir, sont présentes est entre t, t + dt : $\lambda_n dt + o(dt)$) les clients sont servis dans l'ordre d'arrivée.

1) Soit $P_n(t)$ la probabilité qu'il y ait, à l'instant t, n personnes dans la file. Ecrire l'équation différentielle que vérifie $P_n(t)$.

2) Loi limite d'équilibre statistique ?

3) Quel est à l'équilibre, la probabilité que le serveur soit oisif. Pour un temps T, assez grand, d'observation, quelle est la durée moyenne d'oisiveté ?

4) Donner l'expression permettant de calculer à l'équilibre la loi de probabilité du temps d'attente et sa valeur moyenne.

6.E. Soit la file d'attente correspondant au modèle suivant :

- temps entre arrivées successives : variables aléatoires indépendantes de même loi exponentielle de paramètre λ.

- temps de service de chaque client : variables aléatoires indépendantes de même loi exponentielle de paramètre μ.

- un seul serveur.
- le fonctionnement est selon la règle : dernier arrivé, premier servi.

Soit X(t) le nombre de personnes présentes dans la file à l'instant t. Montrer que le processus X(t) est un processus de vie et mort dont on déterminera les paramètres. Y-a-t-il une distribution d'équilibre; laquelle ? Probabilité que le serveur soit occupé.

6.F. Soit un système d'attente où les clients arrivent selon un processus de Poisson de paramètre λ. Il y a une seule file d'attente et deux guichets identiques. Les clients prennent place dans la file dans l'ordre d'arrivée et se font servir dès qu'un guichet est libre. La durée de service de chaque client est une loi exponentielle de paramètre μ.

1) Ecrire le système différentiel permettant le calcul de la loi de probabilité P(t) du nombre de clients présents à un instant t quelconque. Y-a-t-il une loi d'équilibre et laquelle ? Probabilité que les deux serveurs soient oisifs ? Probabilité que le temps d'attente soit non nul ? Nombre moyen d'individus dans la file d'attente ? En déduire la durée moyenne d'attente.

2) Donner en régime permanent la loi de probabilité du temps d'attente d'un client se présentant à un instant quelconque (justifier soigneusement les calculs). Temps moyen d'attente. Variance du temps d'attente.

3) Quel est en régime permanent la loi de probabilité du processus de sortie. Justifier ce résultat.

4) On se propose de remplacer le système précédent par un système à un seul guichet où le temps de service serait une loi exponentielle de paramètre 2μ. Quelle sera la loi d'équilibre (sous quelle condition existe-t-il) ? Quelle est la durée moyenne d'attente ? Quelle est la probabilité que le serveur soit oisif ? Ce système à un seul guichet deux fois plus rapide est-il préférable au système à deux guichets et pourquoi ?

5) Les résultats précédents dépendent-ils de la discipline de la file d'attente ?

6) Dans le cas d'un système à un nombre infini de guichets où le temps de service serait une loi exponentielle de paramètre μ' pour chacun des clients on établira le système différentiel permettant le calcul de la loi de probabilité P(t) du nombre de clients présents à l'instant t. Donner une raison intuitive selon laquelle il y a toujours une distribution d'équilibre que l'on calculera. Donner l'équation différentielle d'ordre 1 que vérifie le nombre moyen de clients n(t) présents à l'instant t.

Résoudre pour n(o) = i. Quel genre de situation concrète un tel modèle peut-il représenter assez correctement ?

N.B. - Les questions 3 et 6 sont indépendantes des autres questions.

6.G. Soit un système dans lequel on considère deux catégories A et B de clients. Pour chacune de ces catégories le temps entre arrivées successives suit une loi exponentielle (de paramètre respectivement λ_A et λ_B) et de même les temps de service sont des lois exponentielles de paramètre μ_A et μ_B. Il y a un seul serveur.

Les clients de la catégorie A ont une priorité absolue c'est-à-dire que lorsqu'un client du type A se présente il est pris en charge immédiatement même si un client du type B est en train de se faire servir (auquel cas son service se poursuit dès que le client de type A a été servi). A l'intérieur de chaque catégorie les clients sont servis dans l'ordre d'arrivée.

a) Quelle est la distribution à l'équilibre du nombre de clients du type A ?

b) Soit $P_{m,n}(t)$ la probabilité qu'à l'instant t il y ait dans le système (y compris éventuellement le client en cours de service) m clients du type A et n clients du type B.

Ecrire l'équation différentielle permettant de calculer $P_{m,n}(t)$ et en déduire le système d'équations permettant le calcul de $\Pi_{m,n} = \lim\limits_{t \to \infty} P_{m,n}(t)$. (Il sera utile de distinguer les cas $m > 0$, $m = 0$, $n > 0$, $m = n = 0$).

c) On admettra que le nombre moyen de clients du type B présents à l'instant t grand est

$$\sum_{m,n=0}^{\infty} nP_{m,n} = \frac{r_B}{1 - r_A - r_B}\left(1 + \frac{\mu_B\, r_A}{\mu_A(1 - r_A)}\right)$$

avec $r_B = \frac{\lambda_A}{\mu_A}$ $r = \frac{\lambda_B}{\mu_B}$. En déduire par un raisonnement simple - qu'on explicitera - le temps moyen d'attente des clients du type B.

6.H. Soit un comptoir avec un seul serveur. Les clients arrivent suivant un processus de Poisson de taux λ et leurs temps de service respectifs sont des variables aléatoires indépendantes de fonction de répartition $A(x)$ (on supposera qu'il existe une densité $a(x)$).On note $N(t)$ le nombre de clients en attente à l'instant t.

a) Montrer que $N(t)$ n'est pas en général un processus de Markov.

b) Pour quelle fonction $a(x)$, $N(t)$ est-il un processus de Markov ? Le démontrer. Donner alors sous forme matricielle les équations différentielles de Kolmogorov en avant et en arrière.

c) Montrer aue pour $a(x)$ quelconque on peut, à partir de $N(t)$, construire une chaîne de Markov. (On considèrera le processus aux instants qui suivent immédiatement le départ d'un client).

Donner alors en fonction de $a(x)$ et de λ les probabilités de transition de cette chaîne. Etudier la distribution d'équilibre par la méthode des fonctions génératrices. Sous quelle condition (que l'on interprètera) cette distribution d'équilibre existe-t-elle ?

d) On désigne par $X(t)$ le temps d'attente jusqu'au début de sa prise en charge par le serveur, pour un client arrivé à l'instant t. On notera

$$F(x, t) = \Pr\{X(t) \leqslant x\}$$

$$p_0(t) = \Pr\{X(t) = 0\}$$

$$p(x, t) = \text{densité de } X(t) \text{ pour } X(t) > 0$$

Donner les équations reliant $p(x, t)$, $p_0(t)$ et leurs dérivées partielles. En déduire l'équation intégro-différentielle de $F(x, t)$. On ne discutera que le cas particulier de la distribution d'équilibre (en utilisant par exemple la transformée de Laplace). En déduire en particulier la condition d'existence d'une distribution d'équilibre et le temps moyen d'attente dans ce cas.

Retrouver dans le cas particulier des temps de service exponentiel ou constant des résultats simples que l'on peut établir directement.

e) Une chaîne d'assemblage se déplaçant à la vitesse unité a des objets répartis tout le long suivant des distances qui sont des variables aléatoires indépendantes et de même loi. Un seul ouvrier se déplace avec la chaîne tout en travaillant sur les objets. Les temps de travail suivent une loi exponentielle de paramètre α, et une fois qu'un objet est terminé l'ouvrier prend en charge le suivant de façon instantanée. La chaîne s'arrête dès que l'ouvrier a franchi une certaine barrière placée en aval de la chaîne. Soit X(t) la distance (mesurée en unité de temps) à la barrière à l'instant $t(X(0) = x_o)$. Quelle est l'analogie avec ce qui précède ?

6.1. Soit un modèle de file d'attente avec s serveurs identiques pour lesquels le temps de service est de loi exponentielle de paramètre μ. Les temps entre les arrivées successives des clients sont des variables aléatoires indépendantes de même fonction de répartition H(x). Les clients choisissent indifféremment n'importe quel serveur libre et se mettent en file d'attente selon l'ordre d'arrivée (premier arrivé, premier servi). On s'intéresse à la longueur de la file d'attente (personnes en attente + personnes en train de se faire servir).

Définir une chaîne de Markov associée et calculer les probabilités de transition.

CHAPITRE 7

LES PROCESSUS DE RENOUVELLEMENT

7.1. - INTRODUCTION

Il semble que la théorie du renouvellement se soit d'abord développée dans le cadre de l'étude du remplacement d'équipements et ce sont effectivement les problèmes de fiabilité qui représentent une grande partie des applications. On peut donc présenter les modèles de renouvellement comme l'étude d'événements qui se reproduisent à intervalles de temps aléatoires : tel le cas de la lampe électrique qui, lorsqu'elle tombe en panne, est remplacée par une lampe identique.

Mais l'événement qui se renouvelle peut être aussi dans une chaîne de Markov, le passage par un état donné, dans les modèles de trafic le passage d'un autobus à une station, en physique l'émission de particules...

Il s'agit donc d'un processus ponctuel où l'intervalle entre deux réalisations de l'événement considéré est une variable aléatoire X_i dont la loi de probabilité est connue mais quelconque et ne dépend pas de i sauf peut être pour i = 1. En effet, le début des observations peut ne pas coïncider avec la mise en service d'un équipement neuf ou avec la réalisation d'un événement et la loi de X_1, temps d'attente jusqu'à l'observation du premier événement (panne, passage du véhicule ...) est alors de densité $f_1(x)$ tandis que X_i a pour densité f(x) quel que soit i. On distinguera donc :

- le processus de renouvellement ordinaire où $f_1(x) \equiv f(x)$

- et le processus de renouvellement modifié ($f_1(x) \neq f(x)$) dont un cas particulier important est, on le justifiera plus loin, le renouvellement stationnaire qui correspond à $f_1(x) = \frac{1 - F(x)}{\mu}$ où F(x) est la fonction de répartition associée à f(x) et μ l'espérance mathématique $\mu = E(X_i)$.

Notons que le processus de Poisson est le cas particulier correspondant au cas où f(x) est une loi exponentielle.

On va s'intéresser successivement aux grandeurs suivantes :

- S_r : époque où le $r^{\text{ième}}$ événement se produit.
- N_t : nombre d'événements arrivés dans l'intervalle (0, t)
- $H_t = E(N_t)$ ainsi qu'aux autres moments de N_t.
- h(t) = densité ou taux d'apparition des événements définie ainsi $h(t) = \lim_{\Delta t \to 0} \text{Prob}\left\{\frac{\text{1 événement se produise dans } (t, t+\Delta t)}{\Delta t}\right\}$
- U_t = temps écoulé depuis le dernier événement avant t.
- V_t = temps entre t et le prochain événement après t.

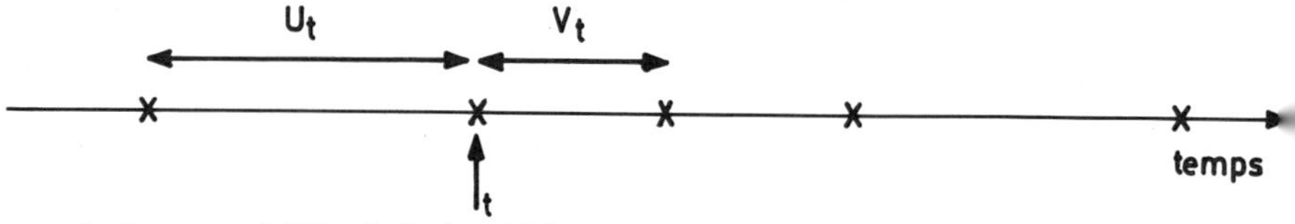

Ces quantités ont déjà été étudiées pour le processus de Poisson pour lequel on a $h(t) = \lambda$, $H_t = \lambda t$, N_T de loi de Poisson, U_t et V_t de loi exponentielle de paramètre $\lambda (\lambda = \frac{1}{\mu})$.

On termine le chapitre en présentant quelques extensions de la théorie.

7.2. - EPOQUE DU $r^{\text{ième}}$ EVENEMENT

C'est une variable aléatoire définie par

$$S_r = X_1 + X_2 + \dots + X_r$$

On peut donc calculer la loi de S_r qui s'obtient comme loi de la somme de r variables aléatoires indépendantes. Si $r \to \infty$ et en notant $E(X_i) = \mu$, $V(X_i) = \sigma^2$ (supposée exister) alors $\frac{S_r - r\mu}{\sigma\sqrt{r}}$ suit une loi gaussienne centrée réduite dans le cas d'un processus de renouvellement ordinaire. Pour le renouvellement modifié la correction à faire est évidente mais asymptotiquement négligeable.

Dans la suite on notera $f_r(.)$ la densité de probabilité de S_r et $F_r(.)$ sa fonction de répartition.

Il est intéressant, compte tenu de la définition de S_r, d'utiliser la transformée de Laplace. Notons donc
$f^*(s) = E\left(e^{-sX_i}\right)$ pour $i \neq 1$, $f_1^*(s) = E\left(e^{-sX_1}\right)$ et

$f_r^*(s) = E\left(e^{-sS_r}\right)$; $s > 0$.

Comme les variables aléatoires X_i sont indépendantes on a donc pour le renouvellement ordinaire (ou modifié) : $f_r^*(s) = \left[f^*(s)\right]^r$ $\left(\text{ou } f_r^*(s) = f_1^*(s)\left[f^*(s)\right]^{r-1}\right)$.

Notons que la transformée de Laplace de F(x) est

$F^*(s) = \int_0^\infty e^{-sx} F(x)\,dx$ d'où $F^*(s) = \frac{1}{s} f^*(s)$ et comme cette opération est additive on en déduit que si $f(x) = \frac{1 - F(x)}{\mu}$ alors

$f_1^*(x) = \frac{1 - f^*(s)}{s\mu}$ puisque la transformée de Laplace de la fonction $\frac{1}{\mu}$ est $\frac{1}{s\mu}$.

Il peut donc être assez commode d'utiliser la transformée de Laplace et ensuite les formules d'inversion pour obtenir la loi de S_r.

Remarque : Dans ce chapitre les variables aléatoires X_i sont positives et donc pour $s > 0$: $0 < f^*(s) < 1$; ce qui est différent du cas exposé au paragraphe 1.5 où les variables aléatoires sont de signe quelconque et où la transformée a alors été définie pour les variables aléatoires dont la densité à l'∞ tend vers zéro assez rapidement et avec $-\infty < s < +\infty$.

7.3. - LOI DE N_t : NOMBRE D'EVENEMENTS DANS (0, t)

Les événements $N_t < r$ et $S_r > t$ sont équivalents

$$\Longrightarrow \Pr\{N_t < r\} = \Pr\{S_r > t\} = 1 - F_r(t)$$

$$\Longrightarrow \Pr\{N_t = r\} = F_r(t) - F_{r+1}(t) \quad \text{avec } F_0(t) = 1$$

On peut donc trouver la loi de N_t, bien que ce soit des calculs rarement agréables à faire.

La loi asymptotique de N_t est intéressante et peut se trouver de la façon suivante :

On a $\Pr\{N_t < r\} = \Pr\{S_r > t\}$

Or asymptotiquement $\Pr\{\frac{S_r - r\mu}{\sigma\sqrt{r}} < x\} \underset{r\to\infty}{\longrightarrow} \varphi(x) = \frac{1}{\sqrt{2\Pi}}\int_{-\infty}^{x} e^{-\frac{1}{2}u^2}\, du$

Supposons que $t \to \infty$ et $r \to \infty$ de telle façon que

$\frac{t - r\mu}{\sigma\sqrt{r}} \to x$ alors de ce qui précède on déduit que

$\Pr\{N_t \geqslant r\} \to \varphi(x)$

Soit $$N_t^* = \frac{N_t - \frac{t}{\mu}}{\sigma\sqrt{\frac{t}{\mu^3}}}$$

$$N_t \geqslant r \Longrightarrow N_t^* \geqslant \frac{r - \frac{t}{\mu}}{\sigma\sqrt{\frac{t}{\mu^3}}} = -\frac{t - r\mu}{\sigma\sqrt{r}}\left(\frac{r\mu}{t}\right)^{\frac{1}{2}} \to -x$$

Donc $\Pr\{N_t^* \geqslant - x\} \to \varphi(x)$ c'est-à-dire

$$\Pr\{N_t^* < - x\} \to 1 - \varphi(x) = \varphi(- x)$$

Donc asymptotiquement N_t suit une loi de Gauss de moyenne $\frac{t}{\mu}$ et de variance $t\,\frac{\sigma^2}{\mu^3}$

Remarque : A la limite le rapport $\frac{\text{variance}}{\text{moyenne}} = \frac{\sigma^2}{\mu^2}$ (pour la loi de Poisson il est égal à 1 puisqu'alors X_i est de loi exponentielle donc $\sigma = \mu$).

7.4. - ETUDE DIRECTE DU NOMBRE MOYEN DE RENOUVELLEMENTS

Soit $H(t) = E(N_t)$ ou nombre moyen de renouvellements; $H(t)$ est souvent appelée : fonction de renouvellement. Par définition :

$$H(t) = \sum_{r=0}^{\infty} r \Pr(N_t = r) = \sum_{r=0}^{\infty} r\left[F_r(t) - F_{r+1}(t)\right] = \sum_{r=1}^{\infty} F_r(t)$$

$$\text{avec } F_o(t) = 1$$

Prenons la transformée de Laplace des deux membres en notant

$H^*(s) = \int_0^{\infty} e^{-st} H(t)\,dt$ on obtient :

$$H^*(s) = \sum_{r=1}^{\infty} F_r^*(s) = \frac{1}{s} \sum_{r=1}^{\infty} f_r^*(s)$$

Pour chacun des processus ordinaire, modifié et stationnaire, notons les fonctions de renouvellement et leurs transformées de Laplace respectivement par $H_o(t)$, $H_m(t)$, $H_{st}(t)$ et $H_o^*(s)$, $H_m^*(s)$ et $H_{st}^*(s)$.

De ce qui précède et du paragraphe 7.2, on déduit alors que

$$H_o^*(s) = \frac{f^*(s)}{s\left[1-f^*(s)\right]} ; \quad H_m^*(s) = \frac{f_1^*(s)}{s\left[1-f^*(s)\right]} ; \quad H_{st}^*(s) = \frac{1}{\mu s^2}$$

D'où par transformation inverse de Laplace : $H_{st}(t) = \frac{t}{\mu}$

Ainsi pour le processus de renouvellement stationnaire le nombre moyen d'événements dans l'intervalle (t_1, t_2) est

$\frac{t_2 - t_1}{\mu}$ $\forall t_1, t_2$ avec $t_2 > t_1$ (ce n'est pas un résultat asymptotique).

Résultat asymptotique

Prenons d'abord un exemple

Soit $f(x) = \lambda^2 x e^{-\lambda x}$ (gamma deux) $\to f^*(s) = \left(\frac{\lambda}{\lambda+s}\right)^2$

$$\Longrightarrow H_o^*(s) = \frac{\lambda^2}{s^2(2\lambda+s)} = \frac{\lambda^2}{2s^2} - \frac{1}{4s} + \frac{1}{4(2\lambda+s)}$$

et par transformation inverse

$$H_o(t) = \frac{1}{2}\lambda t - \frac{1}{4} + \frac{1}{4} e^{-2\lambda t}$$

donc si $t \to \infty$ $H_o(t) \to \frac{1}{2}\lambda\, t = \frac{t}{\mu}$ car pour cette loi

$$E(X) = \mu = \frac{2}{\lambda}$$

Ce résultat est général mais fait usage d'un théorème dont la démonstration sort du cadre de cet ouvrage et qui permet de déduire le comportement à la limite de H(t) à partir de celui de H*(s). Plus précisément:

Le comportement de $H(t)$ pour $t \to \infty$ correspond au comportement de $H^*(s)$ lorsque $s \to o$ ou encore si $H(t)$ n'oscille pas trop lorsque $t \to \infty$ on montre que, si lorsque $s \to o$:

$$H^*(s) = \frac{A}{s^2} + \frac{B}{s} + O(s) \text{ où } O(s) \text{ est borné lorsque } s \to o$$

alors pour $t \to \infty$:

$$H(t) = At + B + o(t) \quad \text{où } o(t) \to 0 \text{ si } t \to \infty .$$

Ce résultat est par contre assez facile à démontrer si $\forall s$ on a

$H^*(s) = \frac{A}{s^2} + \frac{B}{s} + K^*(s)$ où $K^*(s)$ est une fraction rationnelle de s bornée à l'infini et dont tous les pôles ont leurs parties réelles négatives, ce qui est le cas dans l'exemple précédent. En effet on décompose alors $K^*(s)$ en fractions simples et on peut ensuite calculer la transformée inverse de Laplace.

Or

$$f^*(s) = E(e^{-sX}) = 1 - s\mu + \frac{1}{2} s^2(\mu^2 + \sigma^2) + \ldots$$

$$\text{D'où } H_o^*(s) = \frac{f^*(s)}{s(1-f^*(s))} = \frac{1}{s^2\mu} + \frac{\sigma^2 - \mu^2}{2\mu^2 s} + O(1) \text{ si } s \to 0$$

Et en appliquant le résultat énoncé précédemment avec

$$A = \frac{1}{\mu} \qquad B = \frac{\sigma^2 - \mu^2}{2\mu^2} \text{ on a pour } t \to \infty$$

$$H_o(t) \xrightarrow[t\to\infty]{} \frac{t}{\mu} + \frac{\sigma^2 - \mu^2}{2\mu^2} + O(1)$$

c'est-à-dire :

$$(7.1) \qquad \boxed{H_o(t) \xrightarrow[t\to\infty]{} \frac{t}{\mu}}$$

Il est facile de vérifier que $H_m(t) \xrightarrow[t\to\infty]{} \frac{t}{\mu}$

Donc

$$(7.2) \qquad \boxed{E(N_t) \xrightarrow[t\to\infty]{} \frac{t}{\mu}}$$

En rappelant que ce résultat est valable, pour t fini, pour le renouvellement stationnaire.

On peut de cette façon étudier successivement les moments de N(t). Cette méthode ayant l'avantage, lorsque $K^*(s)$ est une fraction rationnelle de s, de permettre d'étudier la vitesse de convergence vers la valeur limite.

Ainsi, par exemple, si

$\psi(t) = E\, N_t(N_t+1)$ on a $\operatorname{Var} N(t) = \psi(t) - H(t) - H^2(t)$

$$\to \psi(t) = \sum_{r=0}^{\infty} r(r+1)\left[F_r(t) - F_{r+1}(t)\right]$$

$$\Longrightarrow \psi\ (s) = \frac{1}{s} \sum_{r=0}^{\infty} r(r+1)\ (f_r^*(s) - f_{r+1}^*(s))$$

$$= \frac{2}{s} \sum_{r=1}^{\infty} r\ f_r^*(s)$$

et on trouve alors que

$$V(N_t) \xrightarrow[t\to\infty]{} \frac{\sigma^2\ t}{\mu^3}$$

7.5. - ETUDE DE LA DENSITE DE RENOUVELLEMENT h(t)

Rappelons la définition :

$$h(t) = \lim_{\Delta t \to 0} \frac{\Pr\ \{\text{événement dans } (t,\ t + \Delta t)\}}{\Delta t}$$

La probabilité que le $r^{\text{ième}}$ renouvellement se produise dans $(t,\ t + \Delta t)$ est $f_r(t)\ \Delta t + o(\Delta t)$. Or le renouvellement entre $t,\ t + \Delta t$ est de façon exclusive le premier ou le second ... ou le $r^{\text{ième}}$. On a donc :

$$h(t) = \sum_{r=1}^{\infty} f_r(t) \qquad (\text{on note que } h(t) = H'(t))$$

D'où les transformées de Laplace pour les trois types de processus

$$h_o^*(s) = \frac{f^*(s)}{1-f^*(s)} \qquad h_m^*(s) = \frac{f_1^*(s)}{1-f^*(s)} \quad \text{et } h_{st}^*(s) = \frac{1}{\mu s}$$

Par la transformée inverse on a donc

$$h_{st}(t) = \frac{1}{\mu}$$

Pour le renouvellement stationnaire, la densité de renouvellement est constante.

On a le même résultat, mais *asymptotiquement*, pour le *renouvellement ordinaire* ou modifié non stationnaire ce qu'on peut résumer par

$$(7.3) \qquad \boxed{h(t) \xrightarrow[t \to \infty]{} \frac{1}{\mu} = \frac{1}{E(X)}}$$

La "démonstration" de ce résultat étant la même que celle qui a été faite pour l'étude de H(t).

Cette constance asymptotique de h(t) est importante pour les applications pratiques. On peut l'observer sur les statistiques de la façon suivante :

Exemple : Supposons qu'on ait une population d'un grand nombre d'appareils identiques, par exemple des lampes électriques, ayant tous la même loi de probabilité de durée de vie. A l'instant t = o toutes les lampes sont mises en service neuves et dès qu'une lampe tombe en panne, elle est remplacée.

Si dans chaque intervalle de temps, on note le pourcentage de lampes qu'on doit remplacer, ce pourcentage tend (si la population est de taille suffisante pour rendre négligeable les fluctuations statistiques d'échantillonnage), lorsque $t \to \infty$, vers une quantité constante $= \frac{1}{\mu}$.

Ce résultat, bien connu en fiabilité, conduit à l'apparent paradoxe que, dans le cadre d'un processus de renouvellement, pour un appareil en service si on connaît son âge u à l'instant t sa probabilité de tomber en panne entre t, t + Δt est $\frac{f(u)\ \Delta t}{1 - F(u)}$ tandis que si on ne connaît pas son âge c'est $\frac{\Delta t}{\mu}$.

Signalons d'autre part qu'on retrouve ainsi un résultat connu pour les chaînes de Markov. En effet, si l'événement qui se renouvelle est le passage par un état j donné, l'intervalle entre deux renouvellements successifs est en fait le temps pour un premier retour en l'état j dont la valeur moyenne est μ_j pour un état ergodique et on peut donc utiliser le résultat précédent pour prouver qu'asymptotiquement la probabilité d'être dans l'état j est $\frac{1}{\mu_j}$

Remarque :

Notons que pour t quelconque, on peut toujours calculer $h_o(t)$ par

$$h_o(t) = \sum_{r=1}^{\infty} f_r(t) \qquad \text{D'autre part} \quad h_o^*(s) = \frac{f^*(s)}{1 - f^*(s)}$$

$\Longrightarrow h_o^*(s) = f^*(s) + h_o^*(s)\, f^*(s)$ ce qui est équivalent à l'équation intégrale

$$h_o(t) = f(t) + \int_0^t h_o(t-u)\, f(u)\, du \tag{7.4}$$

Cette équation, qu'on pouvait établir directement (car le renouvellement en t est le premier ou bien le précédent a eu lieu en t-u et le suivant après une durée u égale à la durée entre deux événements), est *l'équation intégrale du renouvellement.*

7.6. - AGE ET TEMPS D'ATTENTE

Il s'agit d'étudier respectivement les variables aléatoires U_t et V_t.

Temps d'ancienneté ou âge

En terme de fiabilité U_t est l'âge du composant en service à l'instant t; c'est aussi le temps qui s'est écoulé depuis le dernier événement.

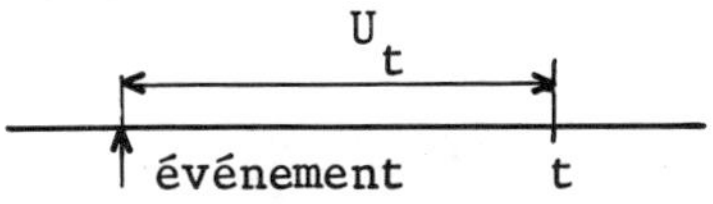

S'il n'y a pas eu de renouvellement entre 0 et t $\rightarrow U_t = t$ et $\Pr\left\{U_t = t\right\} = 1 - F_1(t)$ ($F_1(t)$ est la fonction de répartition de la durée de vie du premier composant; pour le renouvellement ordinaire $F_1(t) = F(t)$).

Etudions maintenant la partie continue de la loi de U_t

Soit $q_t(x)\,dx = \Pr\{x < U_t < x + dx\} \quad 0 < x < t$

Pour obtenir $q_t(x)$ on écrit qu'il y a eu un renouvellement en t-x et que l'appareil, alors mis en service, a une durée de service au moins égale à x, d'où

$$q_t(x) = h(t-x)\left[1 - F(x)\right]$$

D'où $\quad$ si $t \rightarrow \infty \quad 1 - F_1(t) \rightarrow 0$ et $h(t - x) \rightarrow \frac{1}{\mu}$

Donc

(7.5) $$\boxed{\text{la densité de } U_t \xrightarrow[t\to\infty]{} \frac{1}{\mu}\left[1 - F(x)\right]}$$

C'est pour t assez grand, donc pour un système fonctionnant depuis un temps assez long, la distribution des âges des composants en service.

On a pour t assez grand $E(U_t) = \frac{1}{2}\left(\mu + \frac{\sigma^2}{\mu}\right)$

$$V(U_t) = \frac{\mu^3}{3\mu} + \frac{\sigma^2}{2}\left(1 - \frac{\sigma^2}{2\,\mu^2}\right) + \frac{\mu^2}{12}$$

<u>Temps d'attente</u>

C'est le temps d'attente depuis t jusqu'au prochain événement

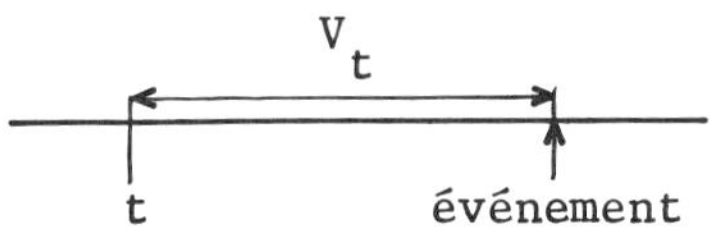

C'est aussi, dans le cadre d'un modèle de renouvellement, la durée de vie résiduelle d'un composant en service à l'instant t lorsqu'on ne connait pas sa date de mise en service.

En considérant qu'il n'y a pas eu d'événement entre 0 et t ou que l'événement a eu lieu en t-y et que la durée de vie est y + x on a, en notant par $r_t(x)$ la densité de probabilité de V_t, :

$$r_t(x) = f_1(t+x) + \int_0^t h(t-y)\, f(y+x)\, dy$$

si $t \to \infty$ $h(t-y) \to \frac{1}{\mu}$ donc puisque $\int_0^\infty f(y+x)dy = 1-F(x)$

(7.6) la densité de V_t est $r_t(x) \xrightarrow[t\to\infty]{} \frac{1 - F(x)}{\mu}$

Dans le cas du processus de renouvellement modifié stationnaire, on a :

$$f_1(t+x) = \frac{1 - F(t+x)}{\mu} \qquad h(t-y) = \frac{1}{\mu}$$

$$r_t(x) = \frac{1 - F(x)}{\mu}$$ $\forall$ t : ce n'est plus une distribution asymptotique et ceci justifie donc l'appellation de processus de renouvellement stationnaire, puisque cette distribution d'équilibre sera celle de la durée de vie résiduelle $\forall t$, si la distribution de probabilité de la longueur du premier intervalle est ainsi choisie.

On notera en particulier que la durée moyenne d'attente est

(7.7) $$E(V_t) = \frac{1}{2}\left(\mu + \frac{\sigma^2}{\mu}\right)$$

et est donc supérieure à $\frac{1}{2}\mu$ sauf si $\sigma = 0$ (durée de vie constante). On se rappellera que, si chacun des intervalles X_i suit une loi exponentielle, on a $E(V_t) = \mu$. (car $\sigma = \mu$).

7.7. - PROCESSUS DE RENOUVELLEMENT ALTERNE

C'est le cas, par exemple, d'un appareil dont l'histoire est une alternance de périodes de fonctionnement et de périodes de panne (l'appareil étant pris en réparation et remis ensuite en service sans autres délais).

Notons par X'_1, X'_2, X'_3, ... les durées de fonctionnement sans panne et par X''_1, X''_2, X''_3 ... les durées successives des pannes.

Ces variables aléatoires X'_1, X'_2 ... X''_1, X''_2 ... sont des variables aléatoires indépendantes et de lois respectives f(.) et g(.).

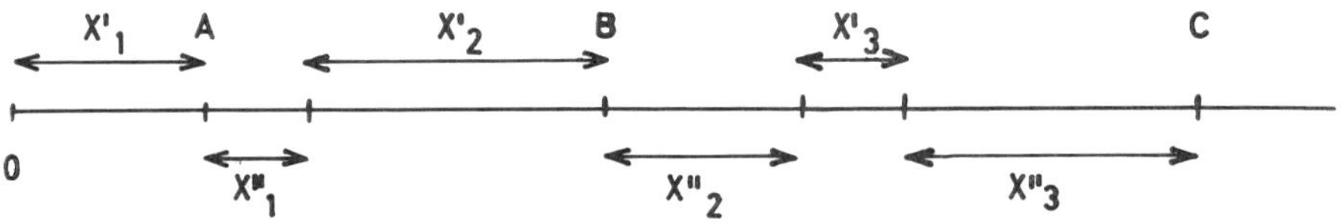

Les instants de début de panne A, B, C, ... forment un processus de renouvellement modifié dont la densité des intervalles est $f*g$ et celle du premier intervalle f.

On construirait de même le processus de renouvellement des instants de remise en service; pour chacun de ces processus on peut appliquer les méthodes et les résultats des paragraphes précédents et les combiner pour obtenir, par exemple, la probabilité $\pi_1(t)$ qu'à un instant t l'appareil soit en fonctionnement. On vérifiera facilement que si $H_1(t)$ et $H_2(t)$ désignent le nombre moyen d'intervalles de type X', et X", la transformée de Laplace de $H_1(t)$ est

$$H_1(s) = \frac{f^*(s)}{s\left[1 - f^*(s)\ g^*(s)\right]}$$ et de même pour $H_2(t)$ et en écrivant l'équation de renouvellement que vérifie $\pi_1(t)$ on trouve

$$\pi_1(t) = H_2(t) - H_1(t) + 1$$

7.8. - PROCESSUS DE RENOUVELLEMENT MARKOVIEN OU PROCESSUS SEMI-MARKOVIEN

On peut généraliser ce qui précède au cas de plus de deux types d'intervalles qui se succèderaient de façon systématique. Mais on englobe cette situation si on suppose que K types d'intervalles sont possibles avec pour modèle de succession des intervalles une chaîne de Markov qui est le processus associé obtenu en n'observant le système qu'aux instants de début de chaque intervalle.

Exemple :

Dans le cadre d'un modèle de trafic, considérons trois types de véhicules, camions, autobus, automobiles correspondant aux états 1, 2, 3. A un point de contrôle, on peut noter le type de chaque véhicule et construire une chaîne de Markov. On observe aussi neuf types de longueur d'intervalle : X_{ij} est la variable aléatoire temps de séjour en l'état i lorsqu'un véhicule de type i est suivi d'un véhicule de type j. Les variables aléatoires X_{ij} sont supposées indépendantes et de densité $f_{ij}(.)$ quelconque.

On construit ainsi un processus appelé semi-markovien (les temps de séjour dans les états de la chaîne de Markov ne sont plus exponentiels) ou encore processus de renouvellement markovien car il est à la jonction des deux familles de modèles.

A partir des densités de renouvellement telles que $h_{ij}(t) = \lim_{\Delta t \to 0}$ $\frac{1}{\Delta t}$[probabilité d'observer entre t, t + Δt un événement de type j **sachant** que le système était en l'état i à instant 0] on établit un système d'équations intégrales dont chacune est la généralisation assez naturelle de l'équation (7.4) et on résoud ensuite en utilisant par exemple les transformées de Laplace.

On trouvera des développements de ceci et d'autres généralisations telles la superposition de processus de renouvellement dans Cox [2] et Cox et Miller [3] et des applications dans des domaines assez divers.

7.9. - EXERCICES

7.A. Soit une promenade aléatoire symétrique sur la droite et on suppose que le départ a lieu du point O. Chaque pas vaut + 1 avec la probabilité $\frac{1}{2}$, - 1 avec la même probabilité.

On s'intéresse à l'événement E : passage en O. Soit p_{2n} la probabilité que le premier retour à l'origine ait lieu après 2n pas, u_{2n} la probabilité d'être à l'origine après 2n pas.

1) Donner l'équation de récurrence liant les probabilités p et u.

2) Soit P(s) la fonction génératrice des probabilités p_{2n}. Calculer P(s) en utilisant la formule :

$$\binom{2n}{n} = \binom{-\frac{1}{2}}{n}(-4)^n$$

où $$\binom{-\frac{1}{2}}{n} = \frac{\left(-\frac{1}{2}\right)\left(-\frac{3}{2}\right)\left(-\frac{5}{2}\right)\cdots\left(-\frac{1}{2}-n+1\right)}{n!}$$

3) En déduire p_{2n}. Donner l'infiniment petit équivalent à p_{2n} pour n grand. Que peut-on dire de la moyenne des probabilités p_{2n} ?

4) Soit N_ν le nombre de réalisations de E dans les ν premiers pas. En introduisant T_2 : nombre de coups nécessaire pour obtenir n réalisations de E, calculer $E(N_{2\nu})$. Comparer la forme asymptotique de $E(N_{2\nu})$ avec le résultat sur le nombre asymptotique de renouvellements sur (0, t). Expliquer l'apparente contradiction.

7.B. On suppose que les temps entre passages successifs des autobus à un arrêt donné sont des variables aléatoires indépendantes de même fonction de répartition F(x) (on désignera par μ et σ^2 la moyenne et la variance correspondantes). Quel est le temps moyen d'attente d'un voyageur se présentant à cet arrêt à un instant t quelconque suffisamment grand (on appliquera le résultat trouvé au cas des intervalles constants, puis des intervalles suivant une loi exponentielle).

7.C. Dans une rue à sens unique, les voitures se déplacent de telle façon qu'à un passage clouté, les passages successifs des voitures constituent la réalisation d'un processus de Poisson. A ce passage clouté, un piéton décide de traverser la rue dès qu'il observera qu'aucune voiture ne passera au cours des x prochaines secondes (c'est le temps qu'il lui faut pour traverser).

Soit W(t) le temps total pour passer de l'autre côté de la rue en arrivant à l'instant t (c'est donc le temps d'attente augmenté de x). Soit F(s) la fonction de répartition de W(t). Donner l'équation intégrale permettant le calcul de F(s). Calculer E(W(t)) (on se servira de la densité f(s), de F(s) et de la transformée de Laplace).

BIBLIOGRAPHIE

[1] BUI TRONG LIEU
Estimations pour des processus de Markov
Publications de l'Institut de Statistique (ISUP)
Tome 11 - 1962.

[2] D.R. COX
Théorie du renouvellement - Dunod 1966.

[3] D.R. COX et H.D. MILLER
The theory of stochastic processes - Methuen 1965.

[4] D.R. COX et W.L. SMITH
Queues - Chapman et Hall 1971.

[5] W. FELLER
An introduction to probability theory and its applications - Wiley Volume I 1965 - Volume II 1966.

[6] M. GIRAULT
Processus aléatoires - Dunod 1965.

[7] P. GORDON
Théorie des chaînes de Markov finies et ses applications. Dunod 1965.

[8] S. KARLIN
A first course in stochastic processes - Academic Press 1966.

[9] A. KAUFMAN et R. CRUON
Les phénomènes d'attente - Dunod 1961.

[10] J.G. KEMENY et J.L. SNELL
Finite Markov chains - Van Nostrand Company 1960.

[11] G. KREWERAS
Graphes, chaînes de Markov - Dalloz 1972.

[12] L. TAKACS
Processus stochastiques - Dunod 1964.

Le lecteur désireux d'approfondir ses connaissances par l'étude d'ouvrages mathématiques pourra, par exemple, se reporter à :

[13] J.L. DOOB
Stochastic processes - Wiley 1953.

[14] J. NEVEU
Bases mathématiques du calcul des probabilités - Masson 1964.

INDEX ALPHABÉTIQUE DES MATIÈRES

(Les chiffres correspondent aux pages.)

N. B. Se reporter également à la table des matières.

MASSON et Cie, Éditeurs, 120, Bd Saint-Germain, 75006 Paris
Dépôt légal : 4e trimestre 1975

Imprimé en France
Imprimerie Bussière — Saint-Amand-Montrond — N° d'impression : 1091